Brede

Absatzpolitik mit Hilfe der Nachfrageverwandtschaft

Grundlagen und instrumentelle Möglichkeiten

Prof. Dr. Helmut Brede

Absatzpolitik mit Hilfe der Nachfrageverwandtschaft

Grundlagen und instrumentelle Möglichkeiten

Betriebswirtschaftlicher Verlag Dr. Th. Gabler · Wiesbaden

ISBN-13:978-3-409-36991-6 e-ISBN-13:978-3-322-84109-4
DOI: 10.1007/978-3-322-84109-4

Vorwort

Für manche Güter hängt das Ausmaß der Nutzenstiftung davon ab, ob sie gemeinsam oder getrennt verwendet werden. Dafür hat sich die Bezeichnung Nachfrageverwandtschaft eingebürgert. Nachfrageverwandtschaft wird seit jeher absatzpolitisch genutzt. Allerdings lassen sich die Unternehmer dabei stärker von qualitativen Vermutungen als von quantitativen Informationen leiten. Der Grund liegt darin, daß ein theoretisch einwandfreies Instrument zur Bestimmung der Nachfrageverwandtschaft nicht zugleich auch praktikabel sein kann. Mit der vorliegenden Studie wird versucht, das Dilemma zu überwinden, indem vor allem Möglichkeiten zur indirekten - damit freilich theoretisch weniger anspruchsvollen - Bestimmung der Nachfrageverwandtschaft diskutiert und dem Unternehmer empfohlen werden.

Die Untersuchung ist im Februar 1974 abgeschlossen worden. Veröffentlichungen, die danach erschienen sind, konnten nicht mehr eingearbeitet werden. Im Juni 1974 wurde die Studie unter dem Titel "Möglichkeiten zur Bestimmung der Nachfrageverwandtschaft mit Hilfe von Indikatoren" vom Fachbereich Wirtschaftswissenschaften der Johann Wolfgang Goethe-Universität Frankfurt am Main als Habilitationsschrift angenommen.

Um den Verkaufspreis in Grenzen zu halten, wird das Buch im Fotodruck-Verfahren hergestellt. Verlag und Verfasser hoffen, daß der Leser bereit sein wird, dafür einige formale Unzulänglichkeiten in Kauf zu nehmen.

Helmut Brede

Inhaltsverzeichnis

A Problemstellung und Gang der Untersuchung

Güter werden als nachfrageverwandt bezeichnet, sobald ein Gut die Nutzenstiftung eines anderen zu beeinflussen vermag. Nachfrageverwandte Güter hängen demnach in der Verwendung voneinander ab; folglich kann die Nachfrage nach dem einen Gut nicht unabhängig von der Nachfrage nach anderen Gütern gesehen werden, die dem ersten Gut verwandtschaftlich verbunden sind. Schon dieser Zusammenhang läßt ein wenig von der absatzpolitischen Bedeutung der Nachfrageverwandtschaft ahnen:

Bestehen nachfrageverwandtschaftliche Beziehungen, wird der Absatz eines Gutes auch von den Aktionsparametern der Anbieter nachfrageverwandtschafter Güter bestimmt. Der Unternehmer, der die Absatzfunktion (d.h. die "sales curve" im Triffinschen Sinne[1)]) für eins seiner Güter entwickeln will, muß demnach als erstes den Kreis der nachfrageverwandten Güter in Erfahrung bringen, die mit seinem Gut verbunden sind. Festzustellen, welche Güter nachfrageverwandt sind, bereitet noch keine besondere Schwierigkeit. Im allgemeinen weiß der Anbieter eines Gutes aus Erfahrung, mit welchen anderen Gütern sein Gut in der Nutzenstiftung konkurriert (Substitutionsbeziehung) oder mit welchen anderen Gütern sein Gut gern oder ausschließlich gemeinsam verwendet wird (Komplementaritätsbeziehung). Eine Absatzfunktion zu entwickeln, verlangt jedoch noch mehr. Bei Nachfrageverwandtschaft muß überdies festgestellt werden, wie stark sie sich in der Absatzfunktion für das betrachtete Gut auswirkt.

---

1) Vgl. Robert Triffin, Monopolistic Competition and General Equilibrium Theory. Copyright 1940. Fourth Printing. Cambridge (Mass.) 1949, S. 5 (Fußn. 3).

Wir nennen diese Wirkung der Nachfrageverwandtschaft auf den Absatz eines Gutes (allgemein: auf die Zielgröße des Anbieters) ihre Sekundärwirkung. Als Primärwirkung der Nachfrageverwandtschaft bezeichnen wir den Einfluß eines Gutes auf die Nutzenstiftung eines anderen Gutes.

Bei der Entwicklung von Absatzfunktionen kann demnach auf die quantitative Erfassung nachfrageverwandtschaftlicher Beziehungen nicht verzichtet werden. Dies gilt allgemein, auch für die Entwicklung "partieller" Absatzfunktionen, wie Preis-Absatz-Funktionen u.ä. Wird darüberhinaus anerkannt, daß Absatzfunktionen die unentbehrliche Grundlage rationaler absatzpolitischer Entscheidungen bilden, darf man behaupten: Für den rational handelnden Unternehmer[2] ist die quantitative Erfassung nachfrageverwandtschaftlicher Beziehungen unabdingbar; er wird nur darauf verzichten, wenn ihm die Informationsbeschaffung unwirtschaftlich erscheint.

Nachfrageverwandtschaft ist für den Unternehmer selten ein Datum, wie hier bislang stillschweigend unterstellt. Häufig ist der Unternehmer in der Lage, auf Entfaltung und Stärke der Nachfrageverwandtschaft einzuwirken. Für den Unternehmer wird es dadurch noch wichtiger, Nachfrageverwandtschaft quantitativ zu bestimmen. Wie sonst sollte er seine Aktionsparameter so einsetzen, daß ihm aus der Nachfrageverwandtschaft Vorteile, keine Nachteile erwachsen?

Indessen - inwieweit ist der Unternehmer in der Lage, Nachfrageverwandtschaft zwischen verschiedenen Gütern quantitativ zu bestimmen? Auf diese Frage, vor allem, soll unsere Arbeit eine Antwort geben.

---

2) Mit "Unternehmer" ist in dieser Arbeit stets die personifizierte Leitung eines Betriebes gemeint - gleichgültig welche Wirtschaftsordnung vorliegt.

Wegen der absatzpolitischen Bedeutung der Nachfrageverwandtschaft formulieren wir das Problem der folgenden Studie noch genauer:

> Inwieweit ist der Unternehmer in der Lage, die Sekundärwirkung der Nachfrageverwandtschaft auf seine Zielgröße quantitativ zu bestimmen?

Selbstverständlich muß zugleich geklärt werden, wie der Unternehmer feststellen kann, ob überhaupt Nachfrageverwandtschaft vorliegt.

Wir suchen also ein Instrument, das zu erkennen erlaubt, wie sich die von der Nachfrageverwandtschaft geprägten aggregierten Kaufentscheidungen der Nachfrager auf der vorgelagerten Wirtschaftsstufe niederschlagen. Primärwirkungen der Nachfrageverwandtschaft werden nur insoweit in die Untersuchung einbezogen, als es erforderlich ist, um Sekundärwirkungen abzuschätzen. Wir schränken den Untersuchungsbereich noch weiter ein und unterstellen, daß es sich bei den Nachfragern um Haushalte handelt. Probleme der Nachfrageverwandtschaft bei der Beschaffung, Lagerung, Finanzierung und Produktion von Gütern im Bereich der Unternehmung sind damit ausgeklammert. Das erscheint erlaubt, weil uns vor allem die quantitative Bestimmung der Nachfrageverwandtschaft schlechthin interessiert und weil sich die Untersuchungsergebnisse, die exemplarisch für den Absatzbereich abgeleitet werden, auch auf andere Bereiche werden übertragen lassen.

Zur Lösung eines weiteren Problems werden wir allerdings nichts Klärendes beitragen können. Wir werden nicht zwischen quantitativ wesentlichen und unwesentlichen Verwandtschaftsbeziehungen trennen können; denn es gibt kein gleichsam "natürliches" Relevanzkriterium. Der Unternehmer ist in dieser

Frage immer auf sein subjektives Ermessen angewiesen. Auch hier könnte man mit Krelle fragen: "Von wieviel Sandkörnern an beginnt der Sandhaufen?"[3]

Der Gang der Untersuchung ist damit vorgezeichnet: Im folgenden Teil B werden wir zunächst unterstellen, daß Nachfrageverwandtschaft direkt bestimmt (gemessen) werden kann. Unter dieser Annahme fällt es vermutlich am leichtesten, den Zweck des Teils B zu verfolgen, nämlich zu untersuchen, was Nachfrageverwandtschaft im einzelnen bedeutet und von welchen Einflüssen Entfaltung und Stärke der Nachfrageverwandtschaft abhängen können. Erst am Ende des Teils B werden wir prüfen, ob die Prämisse von der direkten Bestimmbarkeit (Meßbarkeit) der Nachfrageverwandtschaft berechtigt ist.

Sollte es sich als praktisch unmöglich herausstellen, Nachfrageverwandtschaft direkt zu bestimmen (zu messen), werden wir in Teil C nach Indikatoren der Nachfrageverwandtschaft suchen. Allgemein kann man Indikatoren als "Hinweise", "Anzeichen" oder Hilfsmaßstäbe verstehen, als Mittel also, zu Erkennendes, wenn schon nicht direkt, so doch wenigstens vermittelt zu bestimmen, zumindest aber, um Schlüsse über den Erkenntnisgegenstand abzuleiten. Im Alltag werden ständig Indikatoren verwendet. Man denke zum Beispiel an Schmerz, Fieber, Appetitlosigkeit als Krankheitsindikatoren, an den Luftdruck als einen der Indikatoren der Wetterlage oder an das Kontrollämpchen, das einen Autodefekt anzeigt. In allen diesen Fällen ist die direkte Messung der Wirklichkeit durch Augenschein, durch den Evidenzbeweis, nicht möglich, oder es wird aus irgendwelchen Gründen darauf verzichtet, so daß auf die indirekte Bestimmung zurückgegriffen werden muß.

---

3) Wilhelm Krelle, Preistheorie. Tübingen, Zürich 1961, S. 14.

Sollte es sich als nötig erweisen, nach Indikatoren der Nachfrageverwandtschaft zu suchen, so besteht die Aufgabe in Teil C darin, die verschiedenen Aussagen in der Literatur zur Nachfrageverwandtschaft dahingehend zu prüfen, ob und inwieweit sie sich zur Bildung von Verwandtschaftsindikatoren eignen. Die Indikatoren sind auf ihre Aussagefähigkeit hin zu untersuchen und miteinander zu vergleichen. Beurteilungskriterium wird - dem Problem dieser Arbeit entsprechend - der Grad der Fähigkeit eines Indikators sein, dem Unternehmer zu fundierten Aussagen über Art und Stärke der Sekundärwirkung einer Verwandtschaftsbeziehung zu verhelfen. Selbstverständlich muß zugleich geprüft werden, wieweit von dem Unternehmer angenommen werden kann, er sei imstande, sich die erforderlichen Informationen zu beschaffen. Letztlich wird mit dem Teil C das Ziel verfolgt, jene Indikatoren herauszufinden, die dem Unternehmer zur Bestimmung der Nachfrageverwandtschaft empfohlen werden können.

Der Kreis der in Teil C möglicherweise zu untersuchenden Ansätze darf auf keinen Fall zu klein gezogen werden. Zugleich zwingt die Fülle vielfach modifizierter Ansätze der Literatur zur Nachfrageverwandtschaft dazu, auszuwählen und die Diskussion auf die wichtigsten Beiträge zu beschränken. In dieser Situation halten wir es für vernünftig, uns auf jene Arbeiten zu konzentrieren, von denen zu erwarten ist, daß sie durch eine neue Fragestellung oder neue Lösungsvorschläge zur Bestimmung der Nachfrageverwandtschaft beigetragen haben.
Es ist anzunehmen, daß wir einer Reihe zunächst erfolgversprechender Ansätze in der Literatur begegnen werden, die bei genauer Analyse doch nichts zur Bestimmung der Nachfrageverwandtschaft beitragen. Auch solche unfruchtbaren Untersuchungen

müssen in unserer Arbeit festgehalten werden, weil sonst nicht belegt werden könnte, warum ein auf den ersten Blick erfolgversprechender Ansatz zu keinen neuen Erkenntnissen über die Bestimmung der Nachfrageverwandtschaft verhilft.

Die Untersuchung wird im wesentlichen der historischen Entwicklung der Literatur folgen. Dies gilt jedoch mit einer Einschränkung: Schon vor Jahrzehnten hat Henry Schultz verschiedene Möglichkeiten der Bestimmung der Nachfrageverwandtschaft auf ihre praktische Verwendbarkeit hin geprüft. Wir halten es hier für gerechtfertigt, unter Berufung auf das damalige und - soweit uns bekannt - nie bestrittene Untersuchungsergebnis von Henry Schultz alle Beiträge auszuklammern, denen Schultz keine praktische Bedeutung beigemessen hat[4).]

Sollte nach Indikatoren der Nachfrageverwandtschaft zu suchen sein, müssen in Teil C vor allem folgende Fragen gestellt werden:

(1) Welcher Indikator der Nachfrageverwandtschaft kann aus dem betreffenden Literaturbeitrag abgeleitet werden?

(2) Mit welchem Gutsbegriff läßt sich der Indikator in Verbindung bringen?

(3) Vermag der Indikator zu trennen zwischen

 (a) nachfrageverwandten und nicht nachfrageverwandten Gütern,

 (b) Nachfrageverwandtschaft und "Konkurrenz um Kapazitäten", einer ähnlichen Form der Verbundenheit zwischen Gütern,

 (c) substitutionalen und komplementären Gütern?

---

4) Vgl. Henry Schultz, The Theory and Measurement of Demand. Chicago (Ill.) 1938, Fourth Impr. 1962, S. 608.

(4) Vermittelt der Indikator eine Vorstellung von der Stärke der Verwandtschaftsbeziehung?

(5) Erlaubt der Indikator, die Einflüsse auf Entfaltung und Stärke der Nachfrageverwandtschaft zu isolieren?

In Teil D werden wir ergänzend auf die Komplikationen hinweisen, welche die Unvollkommenheit der Information, das Zeitproblem und die Wirtschaftlichkeit der Informationsgewinnung für die Bestimmung der Nachfrageverwandtschaft mit sich bringen. Eine ausführliche Diskussion werden wir uns allerdings ersparen, weil es sich um Probleme handelt, die allgemeiner Natur sind und keineswegs nur im Zusammenhang mit der Nachfrageverwandtschaft auftreten.

Die Untersuchung wird durch eine kurze Zusammenfassung der Ergebnisse (Teil E) abgeschlossen.

B Grundlegende Begriffe und Zusammenhänge

I Wesen und Formen der Nachfrageverwandtschaft. Eine Beschreibung unter der Voraussetzung kardinaler Nutzenmessung

a) Nachfrageverwandtschaft im Haushalt

1. Nachfrageverwandtschaft im Konsumbereich des Haushalts

(aa) Das Pareto-Edgeworth-Kriterium der Nachfrageverwandtschaft

Es erscheint vernünftig, bei der Beschreibung von Wesen und Formen der Nachfrageverwandtschaft zunächst alle Meßschwierigkeiten außer acht zu lassen. Das gelingt am besten unter der Annahme, die Nutzenfunktion laute $\phi = \phi(x_i, x_j)$, der Nutzen hänge also zugleich von den konsumierten Mengen zweier Güter i und j ab, und der Nutzen könne eindeutig kardinal gemessen werden.

Auf dieser Grundlage wurde die mittlerweile als "klassisch" apostrophierte Definition der Nachfrageverwandtschaft geschaffen, jene Definition, die Pareto und Edgeworth bekannt gemacht haben [5]. Sie ergab sich aus der Erkenntnis, daß die Gesamtnutzenfunktion nicht grundsätzlich als additiv aus den Nutzenfunktionen der einzelnen Güter zusammen-

---

5) Vgl. Vilfredo Pareto, Manuel d'économie politique. (Aus dem Italienischen ins Französische übersetzt von Alfred Bonnet.) 2. Aufl., Paris 1927, Chap. IV, §§ 8 - 24, 35 - 42, 49 f., 55 - 57, App. 46 - 49 (1. Aufl.: Paris 1909); F/rancis/ Y/sidro/ Edgeworth, The Pure Theory of Monopoly. In: Papers Relating to Political Economy. Vol.I. Nachdruck der Ausgabe von 1925. New York o.J., S. 111 - 142, hier S. 117, Fußnote 1.

gesetzt gesehen werden darf, wie schon Marshall betont: "... when the total utilities of two commodities which contribute to the same purpose are calculated..., we cannot say that the total utility of the two together is equal to the sum of the total utilities of each separately."[6)] Die Frage, wie dieser Nutzenverbund, "Nachfrageverwandtschaft" genannt, in mathematisch exakter Form ausgedrückt werden könne, führte zu der "klassischen" Definition: Zwischen den beiden Gütern i und j herrscht Nachfrageverwandtschaft, wenn der Grenznutzen aus dem Konsum des Gutes j, nämlich $\phi_j = \frac{\partial\phi}{\partial x_j}$, steigt oder sinkt, sobald zugleich in der konsumierten Menge des zweiten Gutes, x_i, eine marginale Änderung eintritt. Der Wortsinn des Begriffs "Nachfrageverwandtschaft" legt nahe, die Definition auf heterogene Güter zu beziehen, obwohl sie formal auch auf homogene Güter angewandt werden könnte, indem man i = j setzte. Es herrscht also Nachfrageverwandtschaft, sobald[7)]

$$\phi_{ij} = \frac{\partial}{\partial x_i}\left(\frac{\partial\phi}{\partial x_j}\right) = \frac{\partial^2\phi}{\partial x_i \partial x_j} \neq 0. \quad (i \neq j)$$

Die Definition verlangt also, zwei Grenznutzenbeträge ϕ_j zu vergleichen, die zur selben Zeit auftreten. Algebraisch gesehen, wird die Funktion $\phi = \phi\ (x_i, x_j)$ zuerst nach x_j partiell abgeleitet und dann nach x_i.

Die algebraische Form der Verwandtschaftsdefinition nennen wir das Pareto-Edgeworth-Kriterium der Nachfrageverwandtschaft, wenngleich das Kriterium von zwei älteren Autoren, nämlich Auspitz und Lieben[8)], übernommen wurde.

6) Alfred Marshall, Principles of Economics. Eighth Ed. Reprinted, London 1961, S. 109.

7) Vgl. Edgeworth, The Pure Theory, S. 117, Fußn. 1. Die Symbole wurden geändert.

8) Vgl. Rudolf Auspitz, Richard Lieben. Untersuchungen über die Theorie des Preises. Leipzig 1889, S. 482, 154 - 156, 17o - 176.

Was das Pareto-Edgeworth-Kriterium bedeutet, wollen wir noch einmal graphisch darstellen (Abb. 1).

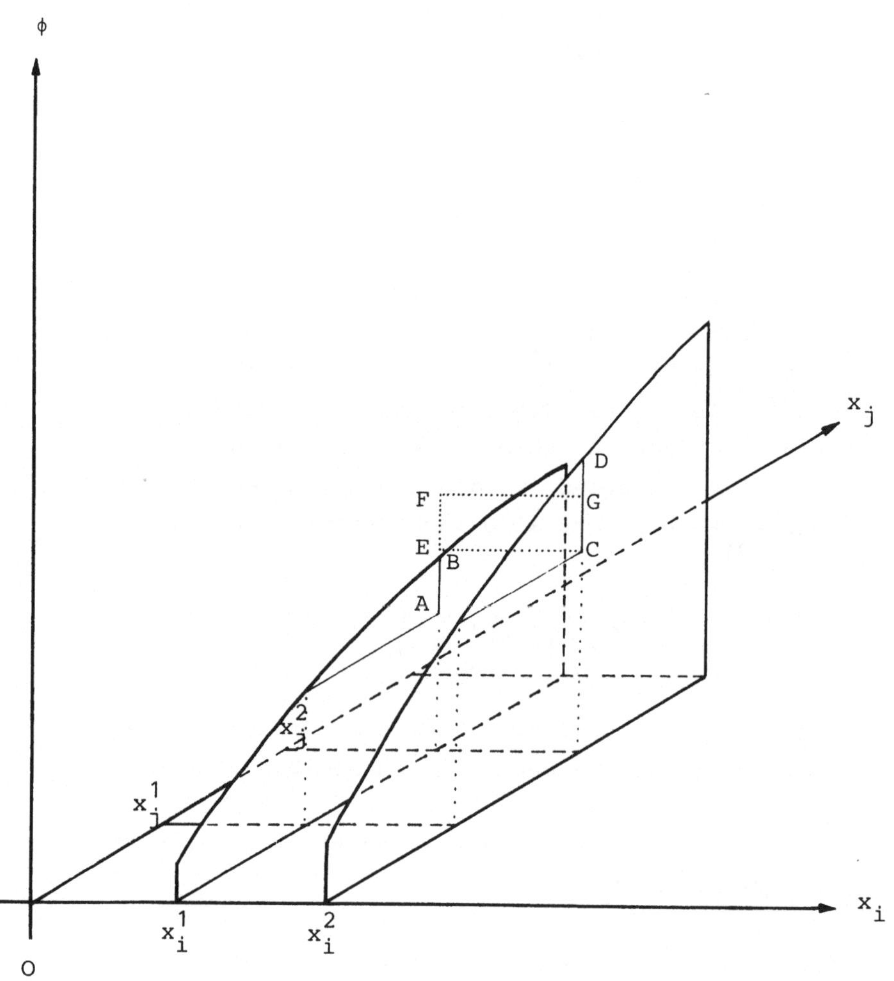

Abb. 1: Schnitte durch ein Nutzengebirge und Darstellung des Pareto-Edgeworth-Kriteriums der Nachfrageverwandtschaft

Als erstes legen wir, beginnend bei x_i^1, einen parallel zur x_j-Achse verlaufenden vertikalen Schnitt durch ein Nutzengebirge, das der Funktion $\phi = \phi\ (x_i, x_j)$ entspricht. Dieser Schnitt erlaubt, den Grenznutzen aus einer marginalen Änderung in der konsumierten Menge des Gutes j darzustellen, den Grenznutzen also, der sich durch partielle Ableitung der Nutzenfunktion nach x_j ergibt. Dieser Grenznutzenbetrag, nämlich $\phi_j = \frac{\partial \phi}{\partial x_j}$, wird dargestellt durch die Strecke $\overline{AB}$, vorausgesetzt - was hier unterstellt wird - der Schritt von x_j^1 nach x_j^2 sei unendlich klein.

Das Pareto-Edgeworth-Kriterium ist als zweite gemischte Ableitung der Nutzenfunktion nach x_i und x_j formuliert. Es wird also gefragt, ob ϕ_j bei einer marginalen Änderung der konsumierten Menge des Gutes i eine Änderung erfährt, d.h. ob

$$\phi_{ij} = \frac{\partial}{\partial x_i}\left(\frac{\partial \phi}{\partial x_j}\right) = \frac{\partial^2 \phi}{\partial x_i \partial x_j} \neq 0.$$

Wir müssen deshalb noch einen zweiten parallel zur x_j-Achse verlaufenden vertikalen Schnitt durch das Nutzengebirge legen. Wir beginnen den Schnitt bei x_i^2. Der Schritt von x_i^1 nach x_i^2 sei ebenfalls unendlich klein. Wiederum zeigt sich in der Graphik ein Grenznutzenbetrag ϕ_j für den Übergang von x_j^1 nach x_j^2, diesmal dargestellt durch die Strecke $\overline{CD}$.

Ob Nachfrageverwandschaft vorliegt, muß beantwortet werden durch einen Vergleich der beiden Beträge für ϕ_j, hier also durch einen Vergleich der Strecke $\overline{AB}$ mit der Strecke $\overline{CD}$.

Zu diesem Zweck messen wir eine Strecke $\overline{EF}$ ab, und zwar so, daß $\overline{EF} = \overline{AB}$, und wir legen sie so fest, daß $\overline{EF}$ horizontal auf $\overline{CD}$ projiziert werden kann ($\overline{EF} = \overline{AB}$ und $\overline{EF} = \overline{CG}$). Es zeigt sich, daß $\overline{CG} \neq \overline{CD}$ und damit auch $\overline{AB} \neq \overline{CD}$. Der Grenznutzen bei Zunahme des Gutes j ist hier bei gleichzeitiger Zunahme des Gutes i gestiegen: $\phi_{ij} = (\overline{CD} - \overline{AB}) = \overline{DG} \neq 0$; die Güter i und j sind hier nachfrageverwandt.

Wir haben festgestellt: Der exakte Nachweis von Nachfrageverwandtschaft verlangt einen Grenznutzenvergleich. Daraus folgt, daß verbale Ausführungen zur Charakterisierung der Nachfrageverwandtschaft oft nicht ausreichen - wie etwa der Satz:"Werden Güter lieber getrennt als gemeinsam verwendet, liegen Substitutionsgüter vor, im umgekehrten Fall handelt es sich um komplementäre Güter."Ebensowenig reicht es aus, im Experiment Güterkombinationen einmal zur gemeinsamen und einmal zur getrennten Verwendung vorzusehen, um aus den Präferenzentscheidungen gegenüber in dieser Weise dargebotenen Güterkombinationen Schlüsse auf eine eventuell bestehende Nachfrageverwandtschaft und ihre Arten zu ziehen. Allerdings wird man im praktischem Umgang mit dem Pareto-Edgeworth-Kriterium nicht umhin können, den Begriff der Marginalität weit zu fassen und in Änderungen schlechthin zu denken[9]. So wird es auch gelingen, das Pareto-Edgeworth-Kriterium mit unteilbaren Gütern (Problem der Ganzzahligkeit) in Einklang zu bringen oder in Situationen anzuwenden, in denen ein Gut ursprünglich nicht vorhanden ist, sondern erst neu hinzutritt. Im folgenden werden wir zwar weiterhin das Pareto-Edgeworth-Kriterium als Differentialquotienten schreiben, in Beispielen aber faktisch Differenzenquotienten betrachten.

Wir haben bisher nur zweite gemischte Ableitungen verwendet. Wenn aber die zweite gemischte Ableitung

---

9) Siehe den Begriff der Marginalität bei Dieter Schneider, Theoretisches und praktisches Denken in der Unternehmensrechnung. In: Wissenschaft und Praxis. Festschrift zum zwanzigjährigen Bestehen des Westdeutschen Verlages 1967. Köln und Opladen 1967, S. 225 - 243, hier S. 233f.

einer Nutzenfunktion eine Verbundenheit in der nutzenstiftenden Kraft beider Güter anzugeben vermag, ist eine analoge Interpretation auch für dritte und höhere gemischte Ableitungen zu erwarten. Was besagt zum Beispiel die dritte gemischte Ableitung einer Nutzenfunktion $\phi = \phi\ (x_i,\ x_j,\ x_k)$?

$\frac{\partial^3 \phi}{\partial x_k\ \partial x_i\ \partial x_j}$ kann geschrieben werden als

$\frac{\partial}{\partial x_k} \left(\frac{\partial^2 \phi}{\partial x_i\ \partial x_j} \right)$, und damit wird zugleich der Sinn deutlich: Die dritte gemischte Ableitung dieser Funktion zeigt an, wie der quantitative Ausdruck einer Verwandtschaftsbeziehung zwischen den Gütern i und j von einer marginalen Änderung im Konsum des Gutes k beeinflußt wird.

Man könnte von vornherein erklären, bei einem von null verschiedenen Wert dieser dritten gemischten Ableitung seien alle drei Güter gleichermaßen miteinander nachfrageverwandt, gestützt auf die Erfahrung, daß nachfrageverwandtschaftliche Beziehungen keineswegs nur zwischen zwei Gütern zu bestehen brauchen[10]. Aber dieser Schluß ist aus der dritten gemischten Ableitung allein nicht zu ziehen. Es ist immer möglich, daß zwei der drei Güter nur in einer mittelbaren nachfrageverwandtschaftlichen Beziehung stehen[11], bei der das dritte Gut das Verbindungsglied bildet. Denkbar ist zum Beispiel, daß zwischen den Gütern i (Gulaschsuppe) und j (Brötchen) Nachfrageverwandtschaft herrscht, desgleichen zwischen

---

10) Vgl. Heinrich von Stackelberg, Grundlagen der Theoretischen Volkswirtschaftslehre. Zweite, photomechanisch gedruckte Auflage. Bern, Tübingen 1951, S. 152. Siehe auch Hans Hermann Weber, Grundzüge einer monopolistischen Absatztheorie. Köln, Berlin, Bonn, München 1970, z.B. S. 126 f.; Paul Riebel, Kosten und Preise bei verbundener Produktion, Substitutionskonkurrenz und verbundener Nachfrage. 2. Aufl., Opladen 1972, S. 50 f.

11) Vgl. v. Stackelberg, Grundlagen, S. 152 f.; Riebel, Kosten und Preise, S. 50, mit zahlreichen Beispielen.

den Gütern i und k (Glutamat, jener Zusatz, der die Geschmacksstoffe einer Speise besser hervortreten läßt), nicht aber zwischen den Gütern j und k. Dennoch würde die dritte gemischte Ableitung einen von null verschiedenen Wert aufweisen. Ob für alle drei Güter unmittelbare nachfrageverwandtschaftliche Beziehungen bestehen, ist nur zu erfahren, wenn man zusätzlich die zweiten gemischten Ableitungen ϕ_{ij}, ϕ_{ik}, ϕ_{jk} bildet. Auf die Möglichkeit komplexer Verwandtschaftsbeziehungen soll hier nur aufmerksam gemacht werden. Im weiteren wollen wir - wenigstens vorläufig - nur jeweils zwei Güter betrachten.

Gemischte Ableitungen dritten und höheren Grades können auch noch genutzt werden, um andere Einflüsse auf die Nachfrageverwandtschaft zwischen zwei Gütern zu quantifizieren: Eine nachfrageverwandtschaftliche Beziehung kann sich zum Beispiel im Zeitablauf ändern. Wird von der Funktion $\phi = \phi\ (x_i, x_j, t)$ ausgegangen, wobei t die Abhängigkeit des Nutzens von der Zeit symbolisiert, macht die dritte gemischte Ableitung, nämlich $\frac{\partial}{\partial t}\left(\frac{\partial^2 \phi}{\partial x_i\ \partial x_j}\right) = \frac{\partial^3 \phi}{\partial t\ \partial x_i\ \partial x_j}$, den Einfluß der Zeit auf die Nachfrageverwandtschaft sichtbar. Oder soll festgestellt werden, ob sich eine Verwandtschaftsbeziehung unter dem Einfluß einer absatzpolitischen Aktivität ändert, zum Beispiel durch eine Senkung des Preises p_i, wird man den Ausdruck $\frac{\partial}{\partial p_i}\left(\frac{\partial^2 \phi}{\partial x_i\ \partial x_j}\right)$ verwenden. Auf die Einflüsse, die auf die Nachfrageverwandtschaft wirken, werden wir später zurückkommen[12].

12) Siehe S. 37 - 41.

(bb) Formen der Nachfrageverwandtschaft

(11) Symmetrische und asymmetrische nachfrageverwandtschaftliche Beziehungen

Wie wir gesehen haben, verlangt die Bestimmung der Nachfrageverwandtschaft nach dem Pareto-Edgeworth-Kriterium die Messung des Nutzens folgender Güterkombinationen:

(1) $x_i; x_j$

(2) $x_i; x_j + \partial x_j$

(3) $x_i + \partial x_i; x_j$

(4) $x_i + \partial x_i; x_j + \partial x_j$.

ϕ_{ij} ergibt sich danach als Differenz, nämlich $\phi_{ij} = \phi(x_i + \partial x_i; x_j + \partial x_j) - \phi(x_i + \partial x_i; x_j) - \phi(x_i; x_j + \partial x_j) + \phi(x_i; x_j)$. Diese Schreibweise verweist auf eine erste Möglichkeit, nach verschiedenen Formen der Nachfrageverwandtschaft zu differenzieren. Interessant sind dabei die Größen $\phi(x_i + \partial x_i; x_j)$ und $\phi(x_i; x_j + \partial x_j)$, d.h. der Grenznutzen des Gutes i angesichts einer bestimmten Menge des Gutes j und der Grenznutzen des Gutes j bei einer gegebenen Menge des Gutes i. Beide Grenznutzen können in ihren Beträgen übereinstimmen, müssen aber nicht. Stimmen sie überein, sprechen wir von einer symmetrischen nachfrageverwandtschaftlichen Beziehung; weichen sie voneinander ab, sprechen wir von einer asymmetrischen nachfrageverwandtschaftlichen Beziehung. Als Beispiel einer asymmetrischen Verwandtschaftsbeziehung nennt Riebel das Verhältnis zwischen Zigarette und Zigarettenspitze. Eine Zigarette kann auch ohne Zigarettenspitze geraucht werden, die Zigarettenspitze allein stiftet keinen (so Riebel [13]) oder kaum Nutzen. Formal ausgedrückt, ergibt sich z.B. - wenn wir in der Ausgangssituation die Menge der Zigaretten (x_i) mit 0 annehmen - $\phi(x_i; x_j + \partial x_j) = 0$, aber $\phi(x_i + \partial x_i; x_j) > 0$.

Weil asymmetrische nachfrageverwandtschaftliche Beziehungen auftreten können, genügt es in empirischen Untersuchungen nicht, nur die Beziehung des einen Gutes zum anderen zu betrachten. Ein umfassendes Bild ergibt sich erst, wenn die Verwandtschaftsbeziehung auch aus der Sicht des anderen Gutes betrachtet wird. Der Sinn der Unterscheidung zwischen symmetrischer und asymmetrischer Nachfrageverwandtschaft wird noch deutlicher werden, wenn wir sie mit anderen Meßinstrumenten in Verbindung bringen[14].

(22) Komplementarität und Substitutionalität

Nach dem Pareto-Edgeworth-Kriterium sind die beiden Güter i und j nicht nachfrageverwandt, wenn $\phi_{ij} = 0$, und sie sind nachfrageverwandt, wenn das Pareto-Edgeworth-Kriterium einen von null verschiedenen Wert hat. Da ein solcher Wert positiv oder negativ sein kann, ergeben sich zwei weitere Formen von Nachfrageverwandtschaft. Falls $\phi_{ij} > 0$, werden die Güter als Komplemente bezeichnet, ist $\phi_{ij} < 0$, gelten sie nach der klassischen Definition als Substitute.

---

13) Vgl. Riebel, Kosten und Preise, S. 49 (in Anlehnung an Huwyler). Im übrigen sei darauf hingewiesen, daß die Zigarettenspitze zur Zigarette in einer totalen Komplementaritätsbeziehung steht. Die Beziehung ist jedoch asymmetrisch, d.h. die - umgekehrte - Beziehung der Zigarette zur Zigarettenspitze kann nur als ein partielles Komplementaritätsverhältnis bezeichnet werden (s. dazu S. 24 - 27 dieser Arbeit).

14) Siehe S. 64 f., 101.

Nehmen wir an, jemand liebe es, zum Beispiel Orangensaft mit Sekt zu mixen. Er verwende in der Ausgangssituation die Menge $\bar{x}_i$ an Orangensaft und die Menge $\bar{x}_j$ an Sekt. Danach sollen die Mengen an Saft und Sekt erst alternativ und dann gleichzeitig marginal erhöht werden. Der Konsument sei in der Lage, den Nutzen aller vier Güterkombinationen eindeutig zu beziffern. Wir haben die angenommenen Nutzenbeträge der vier Güterkombinationen

$$\text{(a)} \quad \phi\ (\bar{x}_i;\ \bar{x}_j) = 3{,}0$$
$$\text{(b)} \quad \phi\ \left[(\bar{x}_i + \partial\, x_i);\ x_j\right] = 5{,}4$$
$$\text{(c)} \quad \phi\ \left[\bar{x}_i;\ (\bar{x}_j + \partial\, x_j)\right] = 5{,}4$$
$$\text{(d)} \quad \phi\ \left[(\bar{x}_i + \partial x_i);\ (\bar{x}_j + \partial\, x_j)\right] = 9{,}0$$

in der folgenden Tabelle[15] (Tab. 1) noch einmal zusammengestellt.

Menge Sekt / Menge Orangensaft	$\bar{x}_j$	$(\bar{x}_j + \partial\, x_j)$	$\phi_j = \frac{\partial \phi}{\partial x_j}$
$\bar{x}_i$	3,0	5,4	2,4
$(\bar{x}_i + \partial\, x_i)$	5,4	9,0	3,6

Tab. 1: Nutzenbeträge für vier Mengenkombinationen der Güter i (Orangensaft) und j (Sekt)

15) Vgl. George J. Stigler, The Development of Utility Theory. In: JPE, Vol. LVIII (1950), S. 307 - 327, 373 - 396, hier S. 384 (das Beispiel wurde verändert).

Die Tabelle vermittelt verschiedene Erkenntnisse:

(1) Betrachtet man die erste Zeile, stellt man einen Grenznutzen $\phi_j = \frac{\partial \phi}{\partial x_j}$ in Höhe von (5,4 - 3,0 =) 2,4 fest. Das heißt, die marginale Zunahme der Sektmenge um ∂x_j bei Konstanz der Orangensaft-Menge in Höhe von $\bar{x}_i$ hat den Nutzen um 2,4 Nutzeneinheiten erhöht.

(2) Analoges gilt für die zweite Zeile: Bei Konstanz der Orangensaft-Menge $(\bar{x}_i + \partial x_i)$ läßt die marginale Erhöhung der Sektmenge um ∂x_j den Nutzen um (9,0 - 5,4 =) 3,6 Nutzeneinheiten ansteigen. ϕ_j beträgt also hier 3,6 Einheiten.

(3) Vergleicht man die beiden Beträge für ϕ_j, stellt man fest, daß die marginale Zunahme der Orangensaft-Menge von $\bar{x}_i$ auf $(\bar{x}_i + \partial x_i)$ den Sekt-Grenznutzen von 2,4 auf 3,6 Nutzeneinheiten hat ansteigen lassen: $\phi_{ij} = \frac{\partial}{\partial x_i}\left(\frac{\partial \phi}{\partial x_j}\right) = 1{,}2.$
Weil der Betrag der zweiten gemischten Ableitung ϕ_{ij} positiv ist, besteht hier zwischen Sekt und Orangensaft eine Komplementaritätsbeziehung.

(4) Die Tatsache, daß die Nutzenbeträge für die Kombinationen (b) und (c) übereinstimmen, läßt außerdem erkennen, daß die nachfrageverwandtschaftliche Beziehung symmetrisch ist.

In derselben Weise könnte noch ein Beispiel für eine Substitutionsbeziehung konstruiert werden. Wir dürfen uns jedoch eine abermals ausführliche Beschreibung wohl ersparen. Nur soviel sei angedeutet: Angenommen, jemand lese einen spannenden Kriminalroman und beginne währenddessen, eine Fußballreportage im Fernsehen zu verfolgen. Dann ist fast mit Sicherheit zu erwarten, daß der Grenznutzen der Lektüre sinkt und sich die "Güter" demnach substitutional zueinander verhalten.

Nachfrageverwandtschaft wurde als Fähigkeit eines Gutes definiert, mit einer marginalen Änderung dieses Gutes den Grenznutzen aus dem gleichzeitigen Konsum eines zweiten Gutes zu verändern. Der Zeitbezug der Definition ist hervorzuheben, die Forderung also, zwei Grenznutzenbeträge miteinander zu vergleichen, die zur selben Zeit auftreten. Denn nur so gelingt es, Substitutionalität und Komplementarität voneinander abzugrenzen.

Wird in Abweichung von der klassischen Definition nicht verlangt, Grenznutzenbeträge miteinander zu vergleichen, die zur selben Zeit auftreten, sind Güter denkbar, die "sowohl sich ergänzend (d.h. verwendungskomplementär) also auch das eine anstelle des anderen (d.h. substitutiv)"[16] für einen bestimmten Zweck verwandt werden. Riebel verweist zum Beispiel auf Krankheiten, die "sowohl durch kombinierte als auch durch alternative Anwendung chemotherapeutischer und physikalischer Heilverfahren behandelt werden."[17] Nach der klassischen Definition hingegen kommt es allein auf den Augenblick der rationalen Entscheidung des Arztes an: Zieht der Arzt in einem bestimmten Augenblick die kombinierte Anwendung der Heilverfahren vor, herrscht im Sinne des Pareto-Edgeworth-Kriteriums in diesem Moment eine Komplementaritätsbeziehung; wird die alternative Anwendung vorgezogen, besteht im Sinne von Pareto und Edgeworth eine Substitutionsbeziehung.

---

16) Riebel, Kosten und Preise, S. 51 ("verwendungskomplementär" und "substitutiv" im Original kursiv).
17) Riebel, Kosten und Preise, S. 51.

Nur wenn die Definition von Substitution und Komplementarität nicht auf einen bestimmten Zeitpunkt bezogen wird, kann behauptet werden, daß "zumindest bei Konsumgütern - auf Grund des Abwechslungsbedürfnisses eine Komplementarität zwischen solchen Substitutionsgütern /besteht/, die zu verschiedenen Zeiten oder an verschiedenen Orten verwendet werden."[18) Wir denken zum Beispiel an Raucher, die am Tag verschiedene Zigarettensorten rauchen - je nach Stimmung und Tageszeit. Das Pareto-Edgeworth-Kriterium erlaubt hingegen auch hier eine eindeutige Abgrenzung eines Komplementaritätsverhältnisses von einer Substitutionsbeziehung. Nehmen wir an, der Raucher habe vier Sorten Zigaretten im Haus, A,B,C,D. Die Zigarette der Sorte A, die er als erste Zigarette des Tages um zehn Uhr wählt, steht nach dem Pareto-Edgeworth-Kriterium in einer Substitutionsbeziehung zu Zigaretten der Sorten B, C und D. Eine Stunde später wählt der Raucher die Sorte B. Da die Sorte A wegen des Abwechslungsbedürfnisses zu dieser Zeit nicht in Frage kommt, steht die Sorte B nur noch in einer Substitutionsbeziehung zu den Sorten C und D. Daneben herrscht zu dieser Zeit auch noch eine Komplementaritätsbeziehung zwischen den beiden Zigaretten der Sorten A und B: Die Erinnerung an die Zigarette A läßt den Raucher den andersartigen Geschmack der Zigarette B erleben und verschafft ihm so erhöhten Genuß.

(33) Totale und partielle Nachfrageverwandtschaft

Nachfrageverwandtschaft kann schwach oder stark ausgeprägt sein. Die extrem starken Formen werden in der Literatur mit verschiedenen Bezeichnungen belegt: Man spricht (zumeist im Hinblick auf Produktionsfaktoren) von totaler[19)], aber auch von alter-

18) Riebel, Kosten und Preise, S. 52.
19) v. Stackelberg, Grundlagen, S. 73.

nativer[20)] Substitution bzw. Komplementarität. Ebenso gibt es verschiedene Bezeichnungen für die schwächeren Formen: Man spricht von partieller[21)] oder peripherer[22)] oder Rand-[23)]Substitution bzw. Komplementarität. Auch wenn die Unterscheidung wenig absatzpolitische Bedeutung hat, können wir sie hier nicht übergehen; dafür wird sie in der Literatur zu oft behandelt. Wir werden das Begriffspaar "totale" und "partielle" Nachfrageverwandtschaft verwenden.

Was ist das Kennzeichen einer totalen nachfrageverwandtschaftlichen Beziehung? Beginnen wir mit der totalen Substitution. Nach Krelle und Coenen herrscht bei solchen Gütern totale Substituierbarkeit, bei denen "das Mengenverhältnis, in dem sie sich ersetzen können, ohne daß sich die Lage der Wirtschaftsperson verändert", stets gleich bleibt[24)]. Diese Interpretation des Begriffs "totale Substitution" läßt sich anschaulich machen durch eine Indifferenzgerade, die die Mengenachse schneidet, und durch ein "Nutzengebirge", dessen Oberfläche eine schiefe Ebene darstellt (Abb. 2). Wir meinen allerdings, diese Interpretation erfasse noch nicht die wirklich extreme Form eines Substitutionsverhältnisses. Erst wenn zwei Güter nicht zugleich verwandt werden können, einander also in der Nutzenstiftung ausschließen, oder beide Güter bei gleichzeitiger Verwendung jeglichen Nutzen verlieren, ist die äußerste Grenze der Substitutionsmöglichkeit erreicht. Wir werden darum den Begriff "totale Substitution" allein auf solche Fälle beschränken.

---

20) Erich Gutenberg, Grundlagen der Betriebswirtschaftslehre. Erster Band. Die Produktion. 19. Auflage, Berlin, Heidelberg, New York 1972, S. 301 f.; Rudolf Gümbel, Die Sortimentspolitik in den Betrieben des Wareneinzelhandels. Köln und Opladen 1963, S. 172 f.
21) v. Stackelberg, Grundlagen, S. 73.
22) Gutenberg, Die Produktion, S. 312; Gümbel, Sortimentspolitik, S. 173.
23) Gutenberg, Die Produktion, S. 312.
24) Siehe Wilhelm Krelle unter Mitarbeit von Dieter Coenen, Präferenz- und Entscheidungstheorie. Tübingen 1968, S. 13; Alfred E/ugen/ Ott, Grundzüge der Preistheorie. Göttingen 1968, S. 81 f.

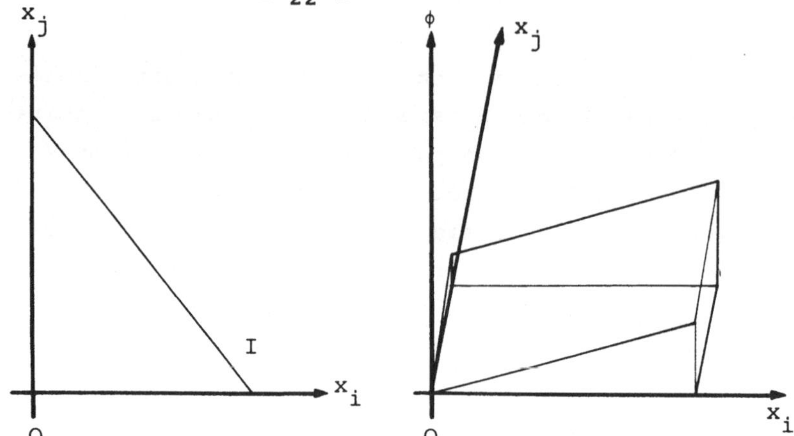

Abb. 2: Indifferenzgerade und Nutzengebirge bei totaler Substitution im Sinne der Produktions- und der Preistheorie

Diese neue Interpretation des Begriffs "totale Substitution" ist mit Indifferenzkurven nicht mehr zu verdeutlichen. Sie kann aber mit Hilfe einer anderen - dreidimensionalen - Darstellung anschaulich gemacht werden (Abb. 3).

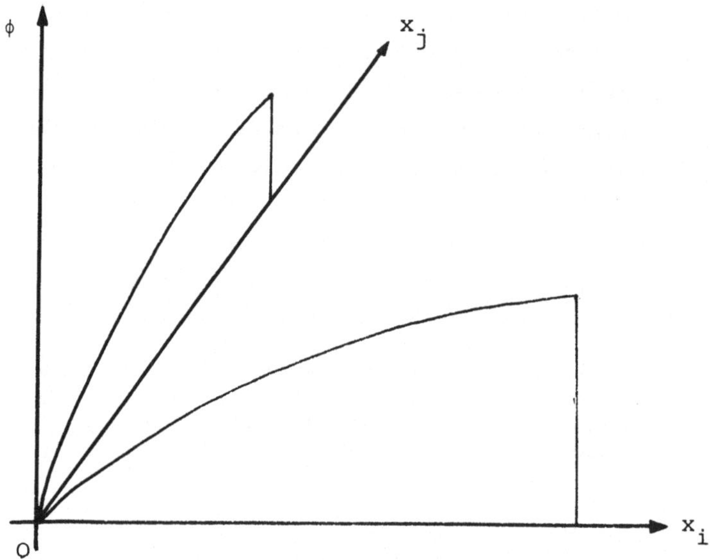

Abb. 3: Nutzenflächen bei totaler Substitution in unserem Sinne

Die Darstellung zeigt, daß es bei totaler Substitution in unserem Sinne kein Nutzengebirge, sondern nur "Nutzenflächen" gibt. Nur wenn auf eins der beiden nachfrageverwandten Güter verzichtet wird, wenn also entweder x_i oder $x_j = 0$, kann Nutzen entstehen.

Betrachten wir zum Beispiel den Fall eines Heizungskessels, der - nur alternativ - mit Heizöl oder Kohle (Kohlenstaub) beheizt werden kann, und nehmen wir an, der Nutzen beider Energieträger (Heizöl = Gut i; Kohle = Gut j) könne eindeutig gemessen werden. In der Ausgangssituation seien $\bar{x}_i = 0$ und $\bar{x}_j > 0$; danach sollen die Mengen marginal zunehmen.

Wie sich die Mengenänderungen auf die Nutzenstiftung auswirken, wird in der Tabelle 2 dargestellt. Zugleich geben wir die Grenznutzenbeträge ϕ_j an.

Menge Kohle / Menge Heizöl	$\bar{x}_j$	$(\bar{x}_j + \partial x_j)$	$\phi_j = \frac{\partial \phi}{\partial x_j}$
$\bar{x}_i$	3,0	5,4	2,4
$(\bar{x}_i + \partial x_i)$	0	0	0

Tab. 2: Nutzenbeträge bei totaler Substitution zwischen Kohle (Gut j) und Heizöl (Gut i)

Als erstes stellen wir fest, daß der Grenznutzen der Kohle durch das Hinzutreten des Heizöls von 2,4 auf 0 absinkt. Das heißt $\phi_{ij} = \frac{\partial}{\partial x_i}\left(\frac{\partial \phi}{\partial x_j}\right) = -2,4$:

Zwischen Kohle und Heizöl besteht in unserem Beispiel eine Substitutionsbeziehung. Die Tabelle zeigt außerdem, daß durch das Hinzutreten des Heizöls jeglicher Nutzen verlorengeht; die zweite Zeile der Matrix weist nur Null-Elemente auf. Daraus ist zu schließen, daß hier zwischen Kohle und Heizöl nach unserer Definition totale Substitutionalität herrscht.

Wir wenden uns nun der totalen Komplementarität zu. Nach Krelle und Coenen gelten als total komplementäre Güter "solche, von denen keines ohne das andere einen Nutzen stiftet und die dazu in genau bestimmten Mengenverhältnissen vorhanden sein müssen."[25] Die Indifferenzkurven bilden danach rechte Winkel, d.h. die einseitige Zunahme eines Gutes vermag zur Nutzenstiftung nichts beizutragen. Das dazugehörige Nutzengebirge kann man sich als Teil einer Pyramide vorstellen und anschaulich machen (Abb. 4).

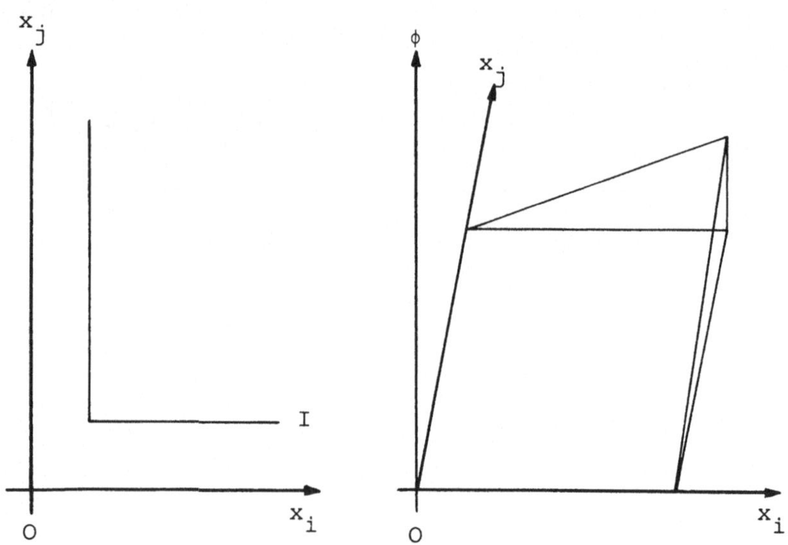

Abb. 4: Indifferenzkurve und Nutzengebirge bei totaler Komplementarität im Sinne der Produktions- und der Preistheorie

25) Krelle (-Coenen), S. 13.

Für unsere Zwecke genügt bereits eine weniger strenge Definition. Wir definieren: Für das Gut j besteht eine totale Komplementaritätsbeziehung zum Gut i, wenn das Gut j ohne das Gut i keinen Nutzen stiftet. Die nachfrageverwandtschaftliche Beziehung zwischen diesen Gütern i und j kann zugleich asymmetrisch sein in dem Sinne, daß das Gut i durchaus allein Nutzen zu stiften vermag. Wir erinnern daran, daß zum Beispiel die Zigarettenspitze zur Zigarette in einer total komplementären Beziehung stehen kann, nicht aber die Zigarette zur Zigarettenspitze.

Besteht eine totale Komplementaritätsbeziehung des Gutes j zum Gut i, wie wir sie definiert haben, muß das Nutzengebirge zwar ebenfalls stets auf der x_j-Achse beginnen, gleichgültig von welchem Wert für x_j ausgegangen wird, aber die Oberfläche kann auch gewölbt sein. Das mögen zwei Schnitte durch ein Nutzengebirge verdeutlichen (Abb. 5).

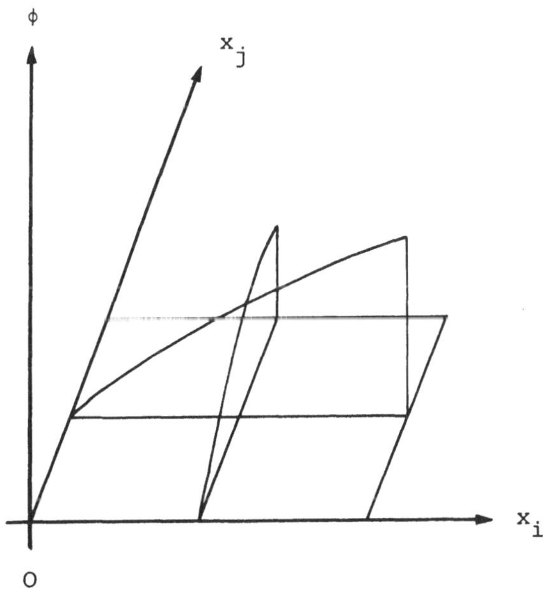

Abb. 5: Schnitte durch ein Nutzengebirge bei totaler Komplementarität in unserem Sinne

Wie sich eine totale Komplementaritätsbeziehung in der Nutzenmatrix auswirkt, wollen wir am Beispiel der Beziehung zwischen Auto und Treibstoff anschaulich machen. Das Auto sei ein Mietwagen, damit die Gutsmenge an der Leihfrist gemessen werden kann. Der Mietwagen vor der Tür (Gut j) sei, auch wenn die Leihfrist verlängert wird, nutzlos, solange kein Treibstoff (Gut i) vorhanden ist. Nehmen wir ferner an, der Nutzen sei eindeutig gemessen worden. Dann könnte die Nutzenmatrix zum Beispiel wie folgt aussehen (Tab. 3). Dabei wird $\bar{x}_i = 0$ gesetzt.

Menge des Gutes Mietwagen / Treibstoffmenge	$\bar{x}_j$	$(\bar{x}_j + \partial x_j)$	$\phi_j = \frac{\partial \phi}{\partial x_j}$
$\bar{x}_i$	0	0	0
$(\bar{x}_i + \partial x_i)$	5,4	9,0	3,6

Tab. 3: Nutzenbeträge bei totaler Komplementarität zwischen Mietwagen (Gut j) und Treibstoff (Gut i)

Aus der Tabelle ist zu entnehmen, daß der Grenznutzen des Wagens durch das Hinzutreten des Treibstoffs von 0 auf 3,6 steigt. Das heißt, $\phi_{ij} = \frac{\partial}{\partial x_i}\left(\frac{\partial \phi}{\partial x_j}\right) = +\ 3{,}6$.

Zwischen Mietwagen und Treibstoff herrscht demnach eine Komplementaritätsbeziehung. Außerdem ist zu erkennen, daß der Mietwagen ohne Treibstoff keinen Nutzen stiftet; denn die erste Zeile der Matrix weist nur Null-Elemente auf: Nach unserer Definition steht der Mietwagen zum Treibstoff in einer totalen Komplementaritätsbeziehung.

Nachdem totale Nachfrageverwandtschaft charakterisiert worden ist, können wir sagen, daß in allen Fällen von Nachfrageverwandtschaft, in denen das Gut j sowohl bei Anwesenheit als auch bei Abwesenheit des Gutes i Nutzen stiftet, partielle Nachfrageverwandtschaft herrscht. Formal gesehen, tritt bei partieller Nachfrageverwandtschaft in der Nutzenmatrix keine Zeile mit ausschließlich Null-Elementen auf.

2. Nachfrageverwandtschaft außerhalb des Konsumbereichs des Haushalts

Die klassische Definition der Nachfrageverwandtschaft setzt voraus, daß man den Nutzen kennt, den ein Gut stiftet. Als Nutzen wird dabei das Ausmaß an unmittelbarer Bedürfnisbefriedigung verstanden, das der Konsum des Gutes verschafft.Nachfrageverwandtschaft könnte demnach nur im Konsumbereich des Haushalts auftreten. Berücksichtigt man jedoch, daß der Nutzen, den ein Gut stiftet oder zu stiften vermag, auch indirekt zum Ausdruck kommen kann - ohne daß das Gut konsumiert zu werden braucht, ist Nachfrageverwandtschaft auch außerhalb des Konsumbereichs und sogar außerhalb des Haushalts vorstellbar. Wir betrachten in diesem Abschnitt ausschließlich Nachfrageverwandtschaft im Haushalt, aber außerhalb des Konsumbereichs.

Größen, in denen der Güternutzen indirekt zum Ausdruck kommt, die also Schlüsse auf die Höhe des Güternutzens zulassen, bezeichnen wir als Nutzenindikatoren. Jede Zielgröße des Haushalts, sofern sie nicht mit dem Nutzen identisch ist, kann als Nutzenindikator angesehen werden. Wir denken zum Beispiel an die Zielgrößen "Vermögen" oder "Sicherheit" oder "Bequemlichkeit". Im folgenden werden wir von der Existenz eines beliebigen Nutzenindikators ausgehen, um die spezifischen Erscheinungsformen der Nachfrageverwandtschaft außerhalb des Konsumbereichs beschreiben zu können. Diese Erscheinungsformen treten zusätzlich zu jenen Formen auf, die wir bereits für den Konsumbereich kennengelernt haben.

Allerdings dürfte nun eigentlich nicht mehr vom Pareto-Edgeworth-Kriterium die Rede sein; denn das Kriterium beruht auf einer Nutzen- und keiner Nutzenindikator-Funktion. Wir müßten den Ausdruck "Pareto-Edgeworth-Indikator" verwenden. Aber wir nehmen die sprachliche Ungenauigkeit vorläufig in Kauf. Ohnehin kann erst später[26] untersucht werden, unter welchen Voraussetzungen Verwandtschaftsindikatoren verwendbar sind. Wir brauchen hier lediglich vorauszusetzen, daß zwischen dem Nutzen ϕ und der Zielgröße Z eine lineare Beziehung herrscht. Diese Voraussetzung ist bei kardinaler Meßbarkeit des Nutzens erfüllt[27].

Wir gehen also davon aus, daß im Einfluß eines Gutes auf den Zielbeitrag eines zweiten Gutes Nachfrageverwandtschaft zum Ausdruck kommt. Dann ist im Haushalt Nachfrageverwandtschaft - außer beim Konsum - nachweisbar bei der

Beschaffung (beim Einkauf),
Lagerhaltung,
Finanzierung,
Be- oder Verarbeitung.

---

26) Siehe S. 45 - 49.
27) Siehe S. 50f.

Manche der nun zusätzlich bekannt werdenden Erscheinungsformen der Nachfrageverwandtschaft sind in der Literatur mit eigenen Bezeichnungen belegt. Zunächst wird unterschieden zwischen Bedarfs- und Nachfrageverbundenheit[28]. Dabei darf jedoch "Nachfrageverbundenheit" oder "verbundene Nachfrage" nicht mit "Nachfrageverwandtschaft" gleichgesetzt werden. Vielmehr soll das Begriffspaar auf die Tatsache hinweisen, daß sich eine Verbundenheit im Bedarf keineswegs zugleich im Beschaffungsakt in einer verbundenen Nachfrage ("gegenüber dem einzelnen Anbieter"[29]) zu äußern braucht. Dann wird außerdem noch differenziert[30] zwischen der Verwendungsverbundenheit und der Einkaufs- (oder Erwerbs-) Verbundenheit[31], um deutlich zu machen, daß die wechselseitige Beziehung der Güter auf die Verwendung (Ge- und Verbrauch) oder die Beschaffung beschränkt sein kann.

Eine Kennzeichnung der verschiedenen Erscheinungsformen der Nachfrageverwandtschaft mit eigenen Namen ist nützlich, wenn Besonderheiten hervorgehoben werden sollen. Darin sehen wir unsere Aufgabe jedoch nicht. Wie in der Problemstellung erklärt, wollen wir uns nur bemühen, Nachfrageverwandtschaft schlechthin quantitativ zu erfassen.

Es könnte behauptet werden, die Bezeichnung "Nachfrage"verwandtschaft führe zu Irrtümern, sobald das allgemeine Phänomen der Verbundenheit in der Nutzenstiftung gemeint sei. Man verwende besser "Nutzenverbund" oder einen ähnlichen Ausdruck. Zwei Gründe veranlassen uns jedoch, "Nachfrageverwandt-

---

28) Riebel, Kosten und Preise, S. 48.
29) Riebel, Kosten und Preise, S. 51.
30) Riebel, Kosten und Preise, S. 48.
31) Bei Gümbel ist von "Einkaufsverbund" die Rede, in der angelsächsischen Literatur von "retail complementarity". Vgl. Gümbel, Sortimentspolitik, S. 176; Harry Nyström, Retail Pricing. Stockholm 1970, bes. S. 25 f.

schaft" als Oberbegriff beizubehalten: Erstens ist die Diskussion um Verwandtschaftsbeziehungen zwischen Gütern in der Literatur weitgehend unter dem Stichwort "Nachfrageverwandtschaft" geführt worden. Das war unproblematisch, solange man dabei den Standpunkt des Anbieters einnahm und nur untersuchte, wie sich die Verwandtschaftsbeziehungen auf die Nachfrage nach diesen Gütern auswirkten (sekundärer Effekt der Nachfrageverwandtschaft). Zwar wird nun der Untersuchungsgegenstand "ausgedehnt"; aber wegen der Kontinuierlichkeit in der Ausdrucksweise erscheint es angebracht, keine neue Bezeichnung einzuführen, sondern den Gültigkeitsbereich des Begriffs "Nachfrageverwandtschaft" auszuweiten. Zweitens bleibt in dieser Arbeit die Gefahr von Irrtümern gering, weil auch wir uns - wie in der Problemstellung erklärt[32) -] durchweg darauf beschränken wollen, die quantitative Erfassung von Verwandtschaftsbeziehungen am Beispiel von sekundären Effekten zu untersuchen.

b) Nachfrageverwandtschaft in der Unternehmung

1. Weitere Formen der Nachfrageverwandtschaft

Im Zusammenhang mit dem Haushalt haben wir eine Reihe von Formen der Nachfrageverwandtschaft kennengelernt. Weitere Arten treten in der Unternehmung auf, und nur diese zusätzlichen Formen sollen im folgenden behandelt werden.

Für die Unternehmung muß zwischen primären und sekundären Effekten der Nachfrageverwandtschaft unterschieden werden. Wir haben die beiden Begriffe zwar schon umschrieben, müssen sie nun aber präzise fassen.

---

32) Siehe S. 3.

Wird von einer Nutzenfunktion ausgegangen, drückt ϕ_{ij} den primären Effekt der Nachfrageverwandtschaft aus. Legt man dem Pareto-Edgeworth-Kriterium eine Nutzenindikator-Funktion zugrunde, stellt sich der primäre Effekt der Nachfrageverwandtschaft als unmittelbare (marginale) Änderung der Höhe des Nutzenindikators für das Gut j dar, herbeigeführt von einer (marginalen) Änderung des Gutes i.

Nutzenindikatoren brauchen keineswegs allein im Haushalt aufzutreten. Wir halten es für berechtigt, auch die Zielgröße des Unternehmers als Nutzenindikator anzusehen. Unter dieser Voraussetzung ist es vorstellbar, daß es primäre Effekte der Nachfrageverwandtschaft auch in der Unternehmung gibt, und zwar bei der

Beschaffung
Lagerhaltung
Finanzierung und
Leistungserstellung.

Auf die primären Effekte der Nachfrageverwandtschaft in der Unternehmung soll hier nur hingewiesen werden. Wie in der Problemstellung dieser Arbeit erklärt, sehen wir unsere Aufgabe darin, Möglichkeiten der quantitativen Erfassung sekundärer Effekte der Nachfrageverwandtschaft zu untersuchen. Dabei verstehen wir unter einem sekundären Effekt der Nachfrageverwandtschaft jene Auswirkung, die der primäre Effekt in einer Wirtschaftsstufe auf die Zielgröße des Anbieters in der direkt vorgelagerten Wirtschaftsstufe hat. Sekundäre Effekte der Nachfrageverwandtschaft begegnen uns allein im Absatzbereich der Unternehmung. Primäre Effekte halten wir hingegen im Absatzbereich der Unternehmung für ausgeschlossen; denn jeder Erfolg oder Mißerfolg absatzpolitischer Maßnahmen schlägt sich zunächst in den Kaufentscheidungen der Nachfrager nieder, erzeugt also die Primärwirkung außerhalb der Unternehmung des Anbieters. Allerdings beeinflußt diese Primärwirkung gewöhnlich auch die Zielgröße des Anbieters und ruft somit im Falle von Nachfrageverwandtschaft einen Sekundäreffekt hervor.

Wir klammern also die primären Effekte der Nachfrageverwandtschaft in der Unternehmung aus dem Untersuchungsbereich aus. Dazu wurde bereits unterstellt, der betrachtete Unternehmer biete sein Gut direkt dem Haushalt an. Primäre Effekte der Nachfrageverwandtschaft treten für diese Untersuchung nur im Haushalt auf.

Primäre Effekte der Nachfrageverwandtschaft können sich auch in noch weiter vorgelagerten Wirtschaftsstufen auswirken, sie können also außer sekundären auch tertiäre Effekte hervorrufen usw. Auch mit den tertiären und noch weiter abgeleiteten Effekten der Nachfrageverwandtschaft brauchen wir uns nicht gesondert zu beschäftigen: Wer imstande ist, einen sekundären Effekt zu erfassen, kann grundsätzlich auch bestimmen, wie auf noch weiter vorgelagerten Wirtschaftstufen nachfrageverwandtschaftliche Effekte "durchschlagen".

2. Die Abgrenzung der Nachfrageverwandtschaft von der "Konkurrenz um Kapazitäten"

Für den Unternehmer ist ferner wenigstens theoretisch die Abgrenzung der Nachfrageverwandtschaft von der "Konkurrenz um Kapazitäten" bedeutsam. Ob die Trennung auch praktisch vollzogen werden muß, werden wir untersuchen[33], sobald wir das Wesen der "Konkurrenz um Kapazitäten" erklärt haben.

---

33) Siehe S. 36.

Mit der "Konkurrenz um Kapazitäten" ist die Tatsache gemeint, daß alle Güter, die in den "Begehrskreis"[34] des Haushalts fallen, um das Haushaltsbudget konkurrieren - ebenso wie alle Güter, die die Unternehmung nutzen möchte, um die vorhandenen Kapazitäten konkurrieren[35]. Von "Konkurrenz um Kapazitäten" ist zusammenfassend die Rede, weil man auch die Konkurrenz um das Haushaltsbudget als Konkurrenz um eine Kapazität bezeichnen kann, nämlich als Konkurrenz um die "Konsumkapazität". Im Vordergrund der folgenden Analyse wird die "Konkurrenz um Kapazitäten" zwischen Gütern stehen, die der Haushalt begehrt, weil wir unterstellt haben, die Nachfrager der betrachteten Güter seien Haushalte[36].

"Konkurrenz um Kapazitäten" kann sich auf die Nachfrage nach allen Gütern, die der Haushalt begehrt, auswirken. Bestehen zwischen manchen dieser Güter nachfrageverwandtschaftliche Beziehungen, ist damit zu rechnen, daß der Anbieter eines Gutes außer dem sekundären Effekt der Nachfrageverwandtschaft auch noch zusätzlich einem Effekt der "Konkurrenz um Kapazitäten" begegnet. Das stört die Analyse der Nachfrageverwandtschaft aus zwei Gründen:

> Erstens gleicht mitunter - aus der Sicht des Anbieters eines Gutes - das Erscheinungsbild der Beziehungen zweier "Konkurrenten um Kapazitäten" dem Bild der Beziehungen zweier Nachfrageverwandten. "Konkurrenz um Kapazitäten" kann mit Nachfrageverwandtschaft verwechselt werden.

---

34) Erich Schneider, Einführung in die Wirtschaftstheorie. II. Teil., 9., durchges. Aufl., Tübingen 1964, S. 9.
35) Vershofen spricht von "totaler Konkurrenz". Vgl. Wilhelm Vershofen, Die Marktentnahme als Kernstück der Wirtschaftsforschung. Berlin, Köln 1959, S. 68.
36) Siehe S. 3.

Zweitens kann "Konkurrenz um Kapazitäten" die Sekundärwirkung der Nachfrageverwandtschaft verstärken, abschwächen, auslöschen und eine Substitutionsbeziehung scheinbar in eine Komplementaritätsbeziehung verkehren (und umgekehrt).

Wie "Konkurrenz um Kapazitäten" mit der Nachfrageverwandtschaft verwechselt werden oder zusammenwirken kann, wollen wir an einem einfachen Beispiel verdeutlichen. Dabei gehen wir von folgenden Prämissen aus: Der Anbieter des Gutes i kennt seine Preis-Absatz-Funktion und erhöht den Preis des Gutes i, um das betriebliche Gleichgewicht zu realisieren. In der Ausgangssituation ist die Nachfrageelastizität des Gutes i in Bezug auf den Preis kleiner als - 1 .

Wie kann sich unter diesen Umständen die Preiserhöhung für das Gut i auf die Nachfrage nach dem Gut j auswirken? Ist der Anbieter des Gutes j imstande, aus der eventuellen Nachfrageverschiebung für das Gut j nach der Preiserhöhung für das Gut i zu schließen, die Güter i und j seien bloße "Konkurrenten um Kapazitäten" oder nachfrageverwandte Güter? Kann er eine Substitutionsbeziehung von einer Komplementaritätsbeziehung unterscheiden?

Angenommen, nach der Preiserhöhung für das Gut i erhöht sich die Nachfrage nach dem Gut j. Dann kommen dafür zwei Ursachen in Frage: Es kann sein, daß die Preiserhöhung beim Gut i die Nachfrage nach dem Gut i vermindert und daß zum Ausgleich mehr vom Gut j nachgefragt wird (Substitutionsbeziehung). Statt dessen - aber auch zugleich - kann die Ursache darin liegen, daß nach der Preiserhöhung für das Gut i von allen übrigen Gütern, also auch von dem Gut j, mehr gekauft werden kann; denn unter den gegebenen

Prämissen sinken die Ausgaben für das Gut i ("Konkurrenz um Kapazitäten"). An der Wirkung ist also hier für den Anbieter des Gutes j nicht zu erkennen, ob das Gut i ein bloßer "Konkurrent um Kapazitäten" oder ein Substitut des Gutes j ist.

Wird hingegen in der Ausgangssituation von einer Nachfrageelastizität des Gutes i in Bezug auf den Preis ausgegangen, die größer als -1 ist, kann die Preiserhöhung für das Gut i zu Mehrausgaben für das Gut i führen. Dann ist es möglich, daß die Nachfrage nach dem Gut j zurückgeht und der Anbieter des Gutes j die beiden Güter i und j für Komplemente hält.

Zusammenwirken und Verwechselbarkeit der "Konkurrenz um Kapazitäten" mit der Nachfrageverwandtschaft hätten auch mit Hilfe solcher Realeinkommensänderungen dargestellt werden können, die durch den Einsatz nichtpreispolitischer Absatzinstrumente ausgelöst worden sind, z.B. durch Qualitätsverbesserungen. Aber die Darstellung mit Hilfe von Preisänderungen ist am leichtesten zu verstehen. Wir halten fest:

Auf eine Klassifizierung der Güter danach, ob sie bloße "Konkurrenten um Kapazitäten" oder Nachfrageverwandte sind, kann offensichtlich - wenigstens theoretisch - nicht verzichtet werden. Außerdem müssen Anstrengungen unternommen werden, um die Wirkung der "Konkurrenz um Kapazitäten" vom Sekundäreffekt der Nachfrageverwandtschaft zu trennen.

Führen wir uns noch einmal vor Augen, was geschieht, wenn die Klassifizierung und die Trennung der Wirkungen nicht gelingen.

- Sind die beiden Güter bloße "Konkurrenten um Kapazitäten", kann das Gut i vom Anbieter des Gutes j für ein Substitut oder ein Komplement gehalten werden. Das wäre nicht weiter bedenklich, wenn nicht der scheinbare Charakter von Mal zu Mal - je nach der Nachfrageelastizität in der Ausgangssituation und nach dem Ausmaß der Preisänderung - wechseln könnte. Auf die einmal getroffene Klassifizierung wäre für den Anbieter des Gutes j kein Verlaß.

- Sind die beiden Güter nachfrageverwandt, entscheidet u.a. die Nachfrageelastizität in Bezug auf den Preis darüber, wie stark eine Verwandtschaftsbeziehung erscheint und ob ein Substitut für ein Komplement gehalten werden kann (und umgekehrt).

Indessen - etliche Bedingungen müssen zusammenkommen, damit sich "Konkurrenz um Kapazitäten" zwischen den Gütern i und j für den Anbieter des Gutes j überhaupt bemerkbar macht:

1. Die Nachfrager des Gutes j müssen auch Nachfrager des Gutes i sein.
2. Die Nachfrageelastizität des Gutes i (z.B. in Bezug auf den Preis) darf nicht konstant -1 sein. Sonst träten keine Mehr- oder Minderausgaben für das Gut i auf.
3. Die Nachfrage nach dem Gut j darf nicht im wesentlichen mengenmäßig fixiert sein.
4. Das Gut i muß einen erheblichen Teil des Budgets beanspruchen.

Die Bedingungen sind nur selten zugleich erfüllt. Deshalb wird oft die Annahme berechtigt sein, "Konkurrenz um Kapazitäten" zwischen den Gütern i und j sei für den Anbieter des Gutes j nicht fühlbar, und es darf dann auf die praktische Trennung der "Konkurrenz um Kapazitäten" von der Nachfrageverwandtschaft verzichtet werden.

II Einflüsse auf Entfaltung und Stärke der Nachfrageverwandtschaft

Nachfrageverwandtschaftliche Beziehungen wurden bislang wie naturgegebene Phänomene behandelt. Diese Betrachtungsweise genügte bisher, muß aber für die weitere Untersuchung aufgegeben werden. In der Regel sind nämlich vielerlei Einflußgrößen dafür verantwortlich, daß der Nachfrager überhaupt eine nachfrageverwandtschaftliche Beziehung wahrnimmt und wie stark sich die Verwandtschaftsbeziehung auswirkt.

Die Einflüsse können von den Anbietern unabhängig sein; sie können aber auch oder ausschließlich von den Aktionsparametern der Anbieter ausgehen. Die Anbieter sind also imstande, nachfrageverwandtschaftliche Beziehungen zu schaffen, Wirkungen der Verwandtschaftsbeziehungen hervorzurufen, zu verstärken, abzuschwächen oder auszulöschen.

Im letzteren - extremen - Fall sprechen wir von latenter Nachfrageverwandtschaft. Der Konsument empfindet die Verwandschaftsbeziehung, die Güter gehören zu seinem "Begehrskreis", aber die Verwandtschaftsbeziehung wird aus irgendwelchen Gründen nicht wirksam. Zum Beispiel kann sich ein Feinschmecker, der arm ist, keinen Kaviar auf Toast mit Champagner leisten.

Wir wollen die beiden Gruppen von Einflüssen getrennt behandeln, auch wenn sie in der Wirklichkeit wohl nur selten unvermischt auftreten.

(1) Einflüsse, die nicht von den Anbietern ausgehen.

Einflüsse, die nicht von den Anbietern ausgehen, liegen weitgehend in persönlichen, kulturellen, geographisch-klimatischen, technischen, rechtlichen und gesellschaftlichen Gegebenheiten. Wir geben einige Beispiele[37]: Klebstoff und illustrierte Zeitschriften dürften für die meisten Leute unverbundene Güter darstellen, nicht so für den Künstler, der damit Collagen herstellt. Tee und Rum bedeuten für viele Leute total substitutionale Güter, nicht jedoch für den Friesen, der seinem Tee einen Schuß Rum beizumischen pflegt. Schließlich sind hier auch nachfrageverwandtschaftliche Beziehungen zu erwähnen, die der Snob- oder der Bandwagon-Effekt wirksam werden läßt[38].

(2) Einflüsse, die von den Anbietern ausgehen.

Einflüsse, die von den Anbietern ausgehen, können allgemein umschrieben werden als die Angebotsbedingungen, denen die betrachteten Güter unterliegen. Demnach gehen die Einflüsse in der Regel nicht von einem einzelnen Anbieter aus, sondern von allen Anbietern, die die betrachteten nachfrageverwandten Güter auf den Markt bringen. Jeder Anbieter kann mit seinen Absatzinstrumenten und der Standortpolitik Einfluß nehmen. Er kann mit seinen Aktionsparametern dafür sorgen,

- daß ein Gut neu in den Begehrskreis des Konsumenten gerät oder sich Verwendungsgewohnheiten ändern und auf diese Weise eine neue Verwandtschaftsbeziehung entsteht oder

- eine Verwandtschaftsbeziehung wirksam wird, die Wirkung sich verstärkt, sich abschwächt oder erlischt.

Im allgemeinen wird der Anbieter interessiert sein, Komplementaritätsbeziehungen zur Entfaltung zu bringen und zu verstärken, Substitutionsbeziehungen abzuschwächen oder unwirksam zu machen.

---

37) Weitere Beispiele finden sich etwa bei Riebel, S. 49.

38) Siehe auch Riebel, Kosten und Preise, S. 55.

Auf eine vollständige Darstellung aller Möglichkeiten, die der Anbieter besitzt, kann hier verzichtet werden. Für die weitere Untersuchung genügt es, an einigen Beispielen zu demonstrieren, wie der Unternehmer auf Entfaltung und Stärke der Nachfrageverwandtschaft einwirken kann. Die Beispiele sind einfach gehalten; anders als in den Beispielen wird der Anbieter in Wirklichkeit gewöhnlich mehrere Aktionsparameter zugleich einsetzen.

(a) Eine Komplementaritätsbeziehung wird geschaffen.

Mit Werbung kann zum Beispiel im Nachfrager das Gefühl der Zusammengehörigkeit von Gütern geweckt werden. Das ist etwa der Fall, wenn mit der sorgfältig gedeckten Kaffeetafel geworben wird, bei der anscheinend Kerzenschmuck und dazu passende Papierservietten nicht fehlen dürfen.

(b) Eine Komplementaritätsbeziehung wird wirksam gemacht.

Ein Kaufhausbesitzer weiß, daß sich seine Kunden zwischen Einkäufen ausruhen und etwas verzehren möchten. Er sieht eine (latente) komplementäre Beziehung zwischen dem Warenangebot und dem Angebot eines Restaurationsbetriebs und richtet in seinem Kaufhaus einen Imbißraum ein. Hier wird also eine Komplementaritätsbeziehung mit Hilfe der Sortimentspolitik wirksam gemacht.

(c) Die Wirkung einer Komplementaritätsbeziehung wird verstärkt.

Man kann beobachten, daß sich Kaffeegeschäfte mit Kaffeeausschank gern in der Nähe von Bäckereien ansiedeln. Sie berücksichtigen, daß zum Kaffee gern etwas verzehrt wird, der Kaffeeumsatz also steigt, wenn sich die Kunden die "Zutat" in der Nachbarschaft besorgen können. Das heißt: die Sekundärwirkung der Komplementaritätsbeziehung zwischen Kaffee und Kuchen wird durch die Standortpolitik gefördert.

(d) Die Wirkungen von Substitutionsbeziehungen werden abgeschwächt.

Werbung wird oft mit dem Ziel betrieben, beim Nachfrager den Eindruck zu erwecken, als sei das betrachtete Gut allen übrigen Substitutionsgütern vorzuziehen. Versucht z.B. der Hersteller eines Waschmittels die Hausfrau zu überzeugen, kein Mittel wasche reiner als das von ihm hergestellte Produkt, will er die Wirkungen von Substitutionsbeziehungen zu anderen Waschmitteln verringern.

(e) Eine Substitutionsbeziehung wird unwirksam gemacht.

Ein Hersteller von Ringbüchern sieht eine ungewöhnliche Papierlochung vor und sorgt so dafür, daß nur Spezialpapier verwendet werden kann. Produktgestaltung (im engeren Sinne) läßt also hier die an sich bestehende Substitutionsbeziehung zwischen verschiedenen Ringbuchpapiersorten unwirksam werden. Nicht ausgeschaltet bleibt freilich die Konkurrenz zwischen Ringbüchern mit üblicher Lochung und dem Ringbuch mit Speziallochung.

Damit schließen wir den Überblick über die Einflüsse auf Entfaltung und Stärke der Nachfrageverwandtschaft ab. Es dürfte nun auch klar geworden sein, daß der Unternehmer versuchen muß zu bestimmen, wie stark im Einzelfall der quantitative Ausdruck der Nachfrageverwandtschaft von den beschriebenen Einflüssen abhängt bzw. durch die Einflußmöglichkeiten der Anbieter verändert werden kann. Das bedeutet für uns:

Die Instrumente, die wir zur quantitativen Bestimmung der Nachfrageverwandtschaft suchen, müssen imstande sein, auch diese Informationen zu liefern.

III Zum Gutsbegriff in der weiteren Untersuchung

Den Begriff "Gut" haben wir bisher so verwendet, als sei er unproblematisch und stehe für Leser und Verfasser gleichbedeutend fest. Das war möglich, weil kaum Mißverständnisse auftreten konnten. Für das Weitere ist aber eine Begriffsbestimmung nötig.

Güter können anhand ihrer Merkmale definiert werden[39]. Je nach Art und Anzahl der Merkmale, die in die Definition aufgenommen werden, fällt die Definition eng oder weniger eng, d.h. mehr oder weniger abstrakt aus[40]. Beispielsweise genügt für die Definition der "Tasse Kaffee an sich" eine geringere Anzahl an Merkmalen als für die Tasse Jacobs-Kaffee, die Frau Meyer an einem bestimmten Nachmittag an einem bestimmten Ort unter genau bestimmbaren Umständen zu sich nimmt. Welche Abstraktionsstufe entspricht unserem Untersuchungsziel?

Für unsere Untersuchung wird es sich als zweckmäßig erweisen, auf unterschiedlichen Abstraktionsstufen zu operieren. Einerseits müssen wir bestrebt sein, Güter zugrundezulegen, die aller Merkmale entkleidet sind, von denen Einflüsse auf Entfaltung und Stärke der Nachfrageverwandtschaft ausgehen können. Andererseits werden sich Güter oft als mit allen möglichen

---

39) Ein System von Kategorien verschiedener Gutsmerkmale findet sich zum Beispiel bei Hans Knoblich, Betriebswirtschaftliche Warentypologie. Grundlagen und Anwendungen. Köln und Opladen 1969, ferner bei Rudolf Gümbel, Absatzpolitik. In: Handwörterbuch der Betriebswirtschaft. 4. Aufl. Bd. I, Stuttgart 1974, Sp. 78 - 92, hier Sp. 83f.

40) Vgl. Hans Brems, Product Equilibrium under Monopolistic Competition. Cambridge (Mass.) 1951, S. 100f.

Merkmalen untrennbar verbunden erweisen. Güter zu verwenden, die bis auf "das Wesentliche" reduziert sind[41], ist häufig aus zwei Gründen ausgeschlossen:

(1) Viele Güter gibt es in verschiedenen Varianten, gekennzeichnet durch unterschiedliche Qualität, unterschiedlichen Preis u.ä. Wird in solchen Fällen ein Gut gebraucht, das nur die Gemeinsamkeiten aller in der Realität vorkommenden Varianten aufweist, muß versucht werden, dieses auf "das Wesentliche" reduzierte Gut zu schaffen. Eine Möglichkeit besteht darin, ein solches "Gut an sich" tatsächlich - oder ein Modell davon - zu entwickeln und dies dem Nachfrager an einem neutralen Ort (in einem Laboratorium) zu präsentieren. Auf diese Weise darf man hoffen, daß sich die Aussagen des Nachfragers über die Nachfrageverwandtschaft auf das "Gut an sich" beziehen und somit von Einflüssen frei bleiben, die aus dem Einsatz der Aktionsparameter der Anbieter erwachsen können.

Indessen - ein "Gut an sich" zu schaffen, halten wir überall dort für ausgeschlossen, wo Gutsvarianten durch Abwandlung <u>wesentlicher</u> Gutsmerkmale entstanden sind. Wir nennen einige Beispiele: Es erscheint unmöglich, ein Haus zu entwerfen, das keine bestimmte Dachform aufweist. Ebensowenig ist es denkbar, im Nachfrager eine Vorstellung von einem Auto hervorzurufen, das keine typische Karosserieform besitzt.

Die Schaffung von "Gütern an sich" auf diesem Wege erscheint deshalb nur für wenige Gutsarten

---

41) Der Gutsbegriff entspricht dann dem, der bei der Analyse der vollkommenen Konkurrenz verwendet wird. Vgl. <u>Horst R. W. Rieger</u>, Der Güterbegriff in der Theorie des Qualitätswettbewerbs. Berlin 1962, S. 18 f.

möglich - und selbst dann wohl immer nur annähernd. In Frage kommen Güter, die in Varianten mit wenig ausgeprägten Unterschieden auftreten, z.B. Kaffee, Zigaretten, Rasierklingen, Bleistifte u.ä.

(2) "Güter an sich" können - theoretisch - auch als statistische Größen verstanden werden. Indem man mit Hilfe statistischer Methoden in marktstatistischem Datenmaterial die Einflüsse isoliert und eliminiert, die aus den Aktionsparametern der Anbieter erwachsen sind, gewinnt man Aussagen zur Nachfrageverwandtschaft, die sich auf "Güter an sich" beziehen.

Im Regelfall reicht das Datenmaterial jedoch zu einer solchen Analyse nicht aus, so daß wir von dieser Möglichkeit im Weiteren absehen. Güter, auf die sich dann Aussagen zur Nachfrageverwandtschaft beziehen, bleiben auch begrifflich mit allen Merkmalen verbunden, die ihnen auf dem Markt tatsächlich anhaften.

Wir halten es dementsprechend für nötig, im folgenden drei Gutsbegriffe zu unterscheiden:

(a) "Das Gut im Experiment". Dieser Begriff wird auf Güter angewandt, die in ein Laboratoriumsexperiment einbezogen werden können. Wir unterscheiden ferner zwei Unterarten:

(aa) "Das Gut an sich". Dieser Begriff wird auf Güterarten angewandt, die bis auf "das Wesentliche" reduziert worden sind. Das "Gut an sich" soll praktisch nur noch technische, chemische, physikalische Merkmale haben, keine Marke, keinen Preis, kein Image usw., und es soll an einem neutralen Ort (im Laboratorium) dargeboten werden.

(bb) "Das Gut mit experimentell zugeordneten Merkmalen". Von einem solchen Gut wird zu sprechen sein, wenn dem "Gut an sich" im Experiment nach und nach wieder einzelne Merkmale zugeordnet werden, die aus dem Einsatz der Absatzinstrumente und den sonstigen Umständen erwachsen, unter denen das Gut angeboten, nachgefragt und verwendet wird.

(b) "Das Gut am Markt". In diesem Begriff ist das Gut mit allen Merkmalen verknüpft, welche die Bedingungen hervorbringen, unter denen das Gut auf dem Markt erscheint[42]. Damit schließt dieser Begriff auch Güter ein, die auf einem Testmarkt gehandelt werden.

Soweit es möglich ist, werden wir den Begriff "Gut im Experiment" verwenden, weil dieser Begriff die am weitesten reichenden Aussagen zur Nachfrageverwandtschaft zu vermitteln verspricht.

Wir werden ferner stets unterstellen, daß keins der betrachteten Güter inferior ist. Wir wollen uns auf diese Weise ersparen, Aussagen über die Nachfrageverwandtschaft zweifach zu formulieren: für den Fall mit und für den Fall ohne Inferiorität. Die doppelte Formulierung würde unserer Untersuchung nichts nützen; denn die grundsätzlichen Probleme der Bestimmung der Nachfrageverwandtschaft bleiben vom Auftreten inferiorer Güter unberührt.

Schon hier sei darauf verwiesen, daß wir im Zusammenhang mit dem Lancaster-Indikator der Nachfrageverwandtschaft das Wort "Gut" in den eben abgeleiteten Begriffen durch "Ware" ersetzen werden[43]. An

42) Das Gut besitzt alle objektiven, subjektiven und wirtschaftlichen Qualitätsmerkmale im Sinne Riegers. Vgl. Rieger, S. 70 - 78.
43) Siehe S. 140 - 172.

den Begriffsinhalten wird sich dadurch nichts Grundsätzliches ändern.

IV Nichtmeßbarkeit der Nachfrageverwandtschaft im kardinalen Sinne

a) Feststellungen

Noch eine weitere Klärung ist erforderlich: Wir haben bislang unterstellt, das Individuum sei in der Lage, den Nutzen, den Güter stiften, eindeutig kardinal zu messen. Das Individuum sei also imstande, eine Nutzenskala zu entwickeln, die eindeutig ist bis auf eine lineare Transformation, d.h. die Skala besitze nur zwei Freiheitsgrade: Nur der Nullpunkt und die Maßeinheit müßten willkürlich festgelegt werden. Nach allgemein in der Literatur vertretener Auffassung[44)] entspricht die Prämisse jedoch nicht der Wirklichkeit. Wir hatten die Prämisse lediglich gesetzt, um Wesen und Formen der Nachfrageverwandtschaft leichter beschreiben zu können; für die weitere Untersuchung muß sie aber aufgegeben werden. Es kann nur behauptet werden, das Individuum sei generell in der Lage, Güternutzen ordinal zu messen. Das heißt, es darf unterstellt werden, das Individuum sei fähig, Güter nach ihrem Nutzen einander vorzuziehen oder gleichzuschätzen, nicht aber auch noch etwaige Nutzenunterschiede in cinc Rangordnung zu bringen. Die Nutzenskalen bleiben monoton transformierbar; sie besitzen mehr als nur zwei Freiheitsgrade[45)].

---

44) Vgl. Wilhelm Weber, Erich Streißler, Nutzen. In: HdSW, 8. Bd., Stuttgart, Tübingen, Göttingen 1964, S. 1 - 19, hier S. 10 - 13.

45) Zum Unterschied zwischen ordinaler und kardinaler Nutzenmessung siehe Weber-Streißler, S. 5.

An der generellen Nichtmeßbarkeit des Nutzens im kardinalen Sinne hat sich auch nichts durch spieltheoretische Versuche zur Nutzenmessung im Anschluß an das grundlegende Werk von v. Neumann und Morgenstern[46] geändert: Wie Baumol deutlich gemacht hat, besitzen Neumann-Morgenstern-Nutzenskalen drei Freiheitsgrade[47]. Sie hängen außer von der Wahl des Nullpunkts und der Maßeinheit auch von den für die Spielsituation gewählten Wahrscheinlichkeiten ab. Neumann-Morgenstern-Nutzenskalen stellen also nach obiger Definition Ordinalskalen dar. - Ebensowenig hat die Entwicklung lexikographischer Präferenzfunktionen eine kardinale Nutzenmessung gebracht. Lexikographische Präferenzfunktionen zeichnen sich gegenüber gewöhnlichen Präferenzfunktionen dadurch aus, daß die ordinale Nutzenskala hier von mehreren Kriterien zugleich bestimmt wird, die selbst einer Rangordnung gehorchen: Güter(mengen) oder Handlungsalternativen werden zunächst nach dem erstrangigen Kriterium geordnet. Sind Güter(mengen) oder Handlungsalternativen nach dem erstrangigen Kriterium gleichwertig, folgt eine Ordnung nach dem zweitrangigen Kriterium usw.[48]

Wir gehen also im Weiteren davon aus, daß Nutzen grundsätzlich nur ordinal gemessen werden kann, d.h. Nutzenunterschiede durch Unterschiede in Nutzenindizes oder Nutzenindikatoren (wir behandeln beide Ausdrücke als Synonyme) zum Ausdruck kommen müssen.

---

46) Vgl. John von Neumann und Oskar Morgenstern, Spieltheorie und wirtschaftliches Verhalten. (Aus dem Englischen übersetzt von M. Leppig), Würzburg 1961, S. 18, Fußn. 1. Siehe auch Hans Brems, Quantitative Economic Theory. New York, London, Sydney 1968, S. 14 - 17.

47) Vgl. William J. Baumol, The Cardinal Utility which is Ordinal. In: EJ, Vol. LXVIII (1958), S. 665 - 672, hier S. 666.

48) Vgl. Hans Heinrich Nachtkamp, Der kurzfristige optimale Angebotspreis der Unternehmen bei Vollkostenkalkulation und unsicheren Nachfrageerwartungen. Tübingen 1969, S. 131.

Das bedeutet zugleich: Statt der Nutzenfunktion ϕ ist künftig eine Nutzenindex-Funktion oder Nutzenindikator-Funktion I zu verwenden. Für einen bestimmten Nutzenindikator I^* besteht folgende funktionale Abhängigkeit vom Nutzen ϕ[49]: $I^* = \phi\ (x_i, x_j)$. Weil aber zugleich beliebig viele Nutzenindikator-Systeme geeignet sind, Nutzenbeträge (oder -unterschiede) anzuzeigen, lautet die allgemeine Beziehung[50]: $I = F\ [\phi\ (x_i, x_j)]$. Dabei wird lediglich gefordert, daß $F' > 0$, jeder Nutzenindex also mit wachsender Gütermenge zunimmt.

b) Folgerungen

Aus dem eben festgestellten Zusammenhang ergeben sich zwei wichtige Folgerungen:

(1) Das Pareto-Edgeworth-Kriterium ist zur Bestimmung der Nachfrageverwandtschaft in der Praxis nicht verwendbar. Nachfrageverwandtschaft kann empirisch nur mit Hilfe von Indikatoren der Nachfrageverwandtschaft bestimmt werden.

(2) Das Pareto-Edgeworth-Kriterium läßt sich nicht in einen praktisch verwendbaren Verwandtschaftsindikator verwandeln.

Die erste Folgerung werden wir sofort begründen, die zweite gleich anschließend im neuen Kapitel C.

Wir unterscheiden von nun an zwischen einem Kriterium und Indikatoren der Nachfrageverwandtschaft.

Mit einem Kriterium der Nachfrageverwandtschaft ist das Instrument gemeint, das Nachfrageverwandtschaft zu definieren und direkt zu messen erlaubt. Da Nachfrageverwandtschaft Verbundenheit der Güter in der

49) Vgl. Schultz, Theory, S. 16, 22f. (Fußn. 26), 607.
50) Vgl. Schultz, Theory, S. 22f. (Fußn. 26), 607; Stigler, Development, S. 385 (Fußn. 193).

Nutzenstiftung bedeutet, ist diese Bedingung allein für das Pareto-Edgeworth-Kriterium in der Form ϕ_{ij} oder ϕ_{ji} erfüllt. Nur diesem Instrument kommt folglich die Bezeichnung "Kriterium der Nachfrageverwandtschaft" zu.

Wird in einem Instrument zur Bestimmung der Nachfrageverwandtschaft anstelle des Nutzens ϕ ein Nutzenindikator verwendet, nennen wir das Instrument einen Indikator der Nachfrageverwandtschaft. Indikatoren der Nachfrageverwandtschaft definieren die Nachfrageverwandtschaft nicht und messen sie nicht direkt, sondern sind Instrumente zur Gewinnung von Hinweisen oder Anhaltspunkten über die Nachfrageverwandtschaft. Mitunter werden wir auch die Anhaltspunkte oder Hinweise selbst als Indikatoren der Nachfrageverwandtschaft bezeichnen. Das erleichtert die Ausdrucksweise, ohne daß Gefahr besteht, Verwirrung zu stiften. (Auch in anderen Bereichen kann man leicht auf die scharfe begriffliche Abgrenzung von Indikatoren verzichten. So ist es zum Beispiel belanglos, ob man nur die Ausdehnung der Quecksilbersäule oder auch die Quecksilbersäule selbst oder das ganze Thermometer als Temperatur-Indikator bezeichnet.) Der Ausdruck "Indikator der Nachfrageverwandtschaft" wird auch deshalb so weit gefaßt, damit nichts ausgeschlossen bleibt, was über Art und Stärke der Nachfrageverwandtschaft Anhaltspunkte liefern könnte.

Das Pareto-Edgeworth-Kriterium z.B. in der Gestalt von ϕ_{ij} erweist sich als nicht verwendbar, weil die Größe ϕ_{ij} generell als nicht meßbar gilt. Wenn aber Nachfrageverwandtschaft allein mit dem Pareto-Edgeworth-Kriterium in der Form ϕ_{ij} wirklich zu definieren ist, gibt es keine Möglichkeit, den Begriff "Nachfrageverwandtschaft" direkt mit empirischem Inhalt auszufüllen. In dieser Situation könnte man resignieren. Man kann aber auch die "diametral entgegengesetzte Verhaltensweise" wählen und sich darum bemühen, "die Qualität wirtschaftlicher Entscheidungen relativ zu verbessern"[51], indem man Indikatoren der Nachfrageverwandtschaft zu entwickeln sucht. Das ist der Weg, der hier beschritten werden soll.

C Die Eignung von Aussagen über die Nachfrageverwandtschaft zur Bildung von Verwandtschaftsindikatoren

I Die Eignung nutzentheoretischer Aussagen über die Nachfrageverwandtschaft (Pareto und Edgeworth)

Vier Möglichkeiten sind denkbar, um das Pareto-Edgeworth-Kriterium in einen Pareto-Edgeworth-Indikator der Nachfrageverwandtschaft zu verwandeln:

(1) Der Pareto-Edgeworth-Indikator wird als zweite gemischte Ableitung einer Nutzenindikator-Funktion verstanden. Zwischen der Nutzenindikator- und der Nutzenfunktion wird eine lineare Beziehung unterstellt.

(2) Wie (1), aber es wird davon ausgegangen, daß zwischen der Nutzenindikator- und der Nutzenfunktion eine nichtlineare Beziehung herrscht.

(3) Der Pareto-Edgeworth-Indikator wird als zweite gemischte Ableitung einer anderen (nicht: Nutzenindikator-)Funktion verstanden. Für eine dazugehörige Nutzenindikator-Funktion wird eine nichtlineare Beziehung zur Nutzenfunktion unterstellt.

---

51) Rudolf Gümbel, "Was heißt und zu welchem Ende studirt man..." Marketing? In: ZfbF, 23. Jg. (1971), S. 125 - 144, hier S. 135 ("relativ" im Original hervorgehoben).

(4) Der Pareto-Edgeworth-Indikator wird überhaupt nicht als zweite gemischte Ableitung einer Funktion formuliert.

zu (1): Zwischen einer Nutzenindikator-Funktion I und der Nutzenfunktion ϕ (das heißt auch: zwischen F und ϕ) besteht eine lineare Beziehung, wenn Nutzenskalen nach der Formel $I = a\phi + b$[52] in Nutzenindikator-Skalen transformiert werden können und umgekehrt. In diesem Fall entsprechen zwei gleich großen Intervallen auf einer beliebigen Nutzenindikator-Skala zwei gleich große Intervalle auf einer Nutzenskala. Nehmen zum Beispiel die Güter A, B und C auf einer Nutzenindikator-Skala Positionen in gleichen Abständen ein, d.h. $(I_A - I_B) = (I_B - I_C)$, sind bei einer linearen Beziehung auch die Abstände ihrer Positionen auf einer Nutzenskala gleich, also $(u_A - u_B) = (u_B - u_C)$.

Wird der Pareto-Edgeworth-Indikator als zweite gemischte Ableitung einer Nutzenindikator-Funktion verstanden, tritt an die Stelle des Nutzens ϕ ein Nutzenindikator I. Der Verwandtschaftsindikator lautet dann

$$I_{ij} = \frac{\partial^2 I}{\partial x_i \, \partial x_j},$$

und das ist gleichbedeutend mit

$$I_{ij} = \frac{\partial F}{\partial \phi} \phi_{ij} + \frac{\partial^2 F}{\partial \phi^2} \phi_i \phi_j.$$

Kann ferner ein linearer Zusammenhang zwischen F und ϕ unterstellt werden, wird der zweite Ausdruck auf der rechten Seite der zuletzt genannten Funktion null. Nur dann ist gesichert - wie man aus der

52) Vgl. S. S. Stevens, Mathematics, Measurement, and Psychophysics. In: Handbook of Experimental Psychology, hrsg. von S. S. Stevens. New York, London 1951, S. 1 - 49, hier S. 25.

verbleibenden "Restfunktion"

$$I_{ij} = \frac{\partial F}{\partial \phi} \phi_{ij}$$

ersieht -, daß I_{ij} und ϕ_{ij} stets gleiche Vorzeichen[53] haben und übereinstimmend entweder null oder ungleich null sind. Mit anderen Worten: Nur wenn zwischen F und ϕ eine lineare Beziehung herrscht, können aus dem Ausdruck I_{ij} dieselben Schlüsse über Nachfrageverwandtschaft gezogen werden wie aus der Größe ϕ_{ij}.

Die Prämisse von der linearen Beziehung zwischen einer Nutzenindikator-Funktion I und der Nutzenfunktion ϕ (und das heißt auch: zwischen F und ϕ) darf jedoch nicht aufrechterhalten werden: Sie würde kardinale Meßbarkeit des Nutzens implizieren[54], weil die Nutzenskala nach obiger Formel linear transformierbar sein müßte - und die Prämisse kardinaler Meßbarkeit des Nutzens ist keine Basis für einen Verwandtschaftsindikator, der praktisch verwendet werden soll.

Die erste Möglichkeit, einen Pareto-Edgeworth-Indikator der Nachfrageverwandtschaft zu formulieren, hat sich damit als nicht praktikabel erwiesen.

zu (2): Die Bedingung einer linearen Beziehung wird aufgegeben. Kann nun ein praktisch verwendbarer Pareto-Edgeworth-Indikator formuliert werden? Die Antwort lautet: Nein, weil die Aussagefähigkeit der Größe I_{ij} verlorengeht. Weder haben nun I_{ij} und ϕ_{ij} stets

---

53) Vgl. Schultz, Theory, S. 22 f. (Fußn. 26); Paul Anthony Samuelson, Foundations of Economic Analysis. Second Printing. Cambridge (Mass.) 1948, S. 183; Stigler, Development, S. 385 (Fußn. 193). Siehe ferner John R/ichard/ Hicks, Roy G/eorge/ D/ouglas/ Allen, A Reconsideration of the Theory of Value. In: Economica, N.S., Vol. I (1934), S. 52 - 76, 196 - 219. In deutscher Übersetzung wieder abgedruckt in: Preistheorie, hrsg. von Alfred Eugen Ott. Köln, Berlin 1965, S. 117 - 161, hier S. 123 (mit Anm. 15), 137 f. (mit Anm. 1.u.2).

54) Vgl. Schultz, Theory, S. 22, Fußn. 26.

gleiche Vorzeichen, noch sind sie übereinstimmend null bzw. ungleich null. Das soll an zwei Beispielen demonstriert werden. Das erste Beispiel verdanken wir (in abstrakter Form) Stigler[55].

<u>1. Fall:</u> Jemand mixt gern Sekt mit Orangensaft. Die Nutzenbeträge aus vier Güterkombinationen sind in der folgenden Tabelle (Tab. 4) zusammengefaßt:

Menge Sekt / Menge Orangensaft	$\bar{x}_j$	$(\bar{x}_j + \partial x_j)$	$\phi_j = \frac{\partial \phi}{\partial x_j}$
$\bar{x}_i$	3,0	5,4	2,4
$(\bar{x}_i + \partial x_i)$	5,4	9,0	3,6

$$\phi_{ij} = \frac{\partial^2 \phi}{\partial x_i \, \partial x_j} = +1,$$

Tab. 4: Nutzenbeträge für vier Mengenkombinationen der Güter i (Orangensaft) und j (Sekt)

Weil $\phi_{ij} > 0$, besteht zwischen Sekt und Orangensaft eine Komplementaritätsbeziehung.

Nun verwenden wir statt der Nutzenbeträge deren Logarithmen als Nutzenindikator-Werte. Die Nutzenfunktion wird also nichtlinear in eine Nutzenindikator-Funktion transformiert. Die Nutzenindikator-Werte erscheinen in der folgenden Matrix (Tab. 5):

---

55) Vgl. <u>Stigler</u>, Development, S. 384 f.

Menge Orangensaft \ Menge Sekt	$\bar{x}_j$	$(\bar{x}_j + \partial x_j)$	$\frac{\partial I}{\partial x_j}$	
$\bar{x}_i$	0,4771	0,7324	0,2553	$I_{ij} = - 0{,}0335$
$(\bar{x}_i + \partial x_i)$	0,7324	0,9542	0,2218	

Tab. 5: Logarithmen der Nutzenbeträge für vier Mengenkombinationen der Güter i (Orangensaft) und j (Sekt)

Da $I_{ij} < 0$, wird eine Substitutionsbeziehung angezeigt. Dies steht im Widerspruch zu der zuvor getroffenen Feststellung, daß zwischen den betrachteten Gütern eine Komplementaritätsbeziehung herrscht.

<u>2. Fall:</u> Wir wandeln das vorige Beispiel nur in einem Punkt ab. Der Nutzen für die Güterkombination $\left[(\bar{x}_j + \partial x_j);\ (\bar{x}_i + \partial x_i)\right]$ soll statt 9,0 nun 9,72 betragen. Die Tabelle der Nutzenbeträge sieht dann so aus (Tab. 6):

Menge Orangensaft \ Menge Sekt	$\bar{x}_j$	$(\bar{x}_j + \partial x_j)$	$\frac{\partial \phi}{\partial x_j}$	
$\bar{x}_i$	3,0	5,4	2,4	$\phi_{ij} = + 1{,}92$
$(\bar{x}_i + \partial x_i)$	5,4	9,72	4,32	

Tab. 6: Nutzenbeträge für vier Mengenkombinationen der Güter i (Orangensaft) und j (Sekt)

Da $\phi_{ij} > 0$, wird immer noch eine Komplementaritätsbeziehung angezeigt.

Verwendet man abermals statt der Nutzenbeträge deren Logarithmen als Nutzenindikator-Werte, ergibt sich folgende Tabelle (Tab. 7):

Menge Sekt / Menge Orangensaft	$\bar{x}_j$	$(\bar{x}_j + \partial x_j)$	$\frac{\partial I}{\partial x_j}$	
$\bar{x}_i$	0,4771	0,7324	0,2553	$I_{ij} = 0$
$(\bar{x}_i + \partial x_i)$	0,7324	0,9777	0,2553	

Tab. 7: Logarithmen der Nutzenbeträge für vier Mengenkombinationen der Güter i (Orangensaft) und j (Sekt)

Jetzt ist $I_{ij} = 0$, d.h. es wird Unverbundenheit angezeigt, obwohl in Wirklichkeit eine Komplementaritätsbeziehung besteht.

Damit scheidet auch die Möglichkeit aus, einen Pareto-Edgeworth-Indikator auf der Basis einer nichtlinearen Beziehung zwischen F und ϕ zu entwickeln.

<u>zu (3):</u> Wir prüfen als nächstes die Möglichkeit, die zweiten gemischten Ableitungen irgendwelcher anderen Funktionen als Pareto-Edgeworth-Indikatoren der Nachfrageverwandtschaft zu interpretieren. Es wird also vorausgesetzt, daß die abhängige Variable keinen Nutzenindikator darstellt. Indessen - ist diese Voraussetzung überhaupt erfüllbar, wenn Nachfrageverwandtschaft angezeigt werden soll?

Von vornherein dürfte feststehen, daß nur Funktionen in Frage kommen, die irgendwie mit einem Nutzenindikator verknüpft sind. Da die abhängige Variable keinen Nutzenindikator darstellen soll, muß es unter den "unabhängigen" Variablen Größen geben, die entweder selbst Nutzenindikatoren sind oder von Nutzenindikatoren abhängen. Kurz: wir haben zu prüfen, ob zweite gemischte Ableitungen solcher Funktionen als Formen eines Pareto-Edgeworth-Indikators zu interpretieren sind, die etwas über die Primär- oder Sekundärwirkung der Nachfrageverwandtschaft aussagen können.

Wir untersuchen diese Möglichkeit exemplarisch an einer Nachfragefunktion bei dyopolistischer Angebotsstruktur mit dem Preis als einzigem Aktionsparameter der beiden Anbieter, also $x_i = x_i(p_i, p_j)$. Wenn es sich als zulässig erweisen sollte, müßte der Pareto-Edgeworth-Indikator formuliert werden als

$$\frac{\partial^2 x_i}{\partial p_i \, \partial p_j}\ ^{56)} \; .$$

Man kann gute Gründe für diese Form eines Pareto-Edgeworth-Indikators anführen: Bei Nachfrageverwandtschaft zwischen den Gütern i und j ist zu erwarten, daß $\frac{\partial x_i}{\partial x_j} \neq 0$, weil z. B. die Erhöhung der Nachfrage nach dem Gut j in der Regel eine Erhöhung (Senkung) der Nachfrage nach dem komplementären (substitutionalen) Gut i nach sich zieht. Die Erhöhung der Nachfrage nach dem Gut j kann von einer Preissenkung für das Gut j ausgelöst worden sein. Deshalb ist es möglich, eine Brücke von der Preissenkung für das Gut j zur Mengenänderung beim Gut i zu schlagen, also im Fall von Nachfrageverwandtschaft anzunehmen, daß $\frac{\partial x_i}{\partial p_j} \neq 0$ [57). Wird nun die Absatzfunktion $x_i = x_i(p_i, p_j)$

56) Dieser Ausdruck wird in ähnlichem Sinne auch bei Weber verwandt. Vgl. Weber, Grundzüge, S. 125.

57) Eine ähnliche Ableitung nimmt Allen vor. Er läßt zu, von komplementären Gütern im "weiten Sinne" zu sprechen, wenn $\frac{\partial x_i}{\partial p_j} < 0$, von substitutionalen

zweifach abgeleitet, und zwar nach p_i und nach p_j, erfährt man, ob und inwieweit eine marginale Preisänderung für das Gut j die marginale Mengenänderung $\frac{\partial x_i}{\partial p_i}$ zu erhöhen oder zu senken vermag. Und das könnte - wenigstens auf den ersten Blick - durchaus als Ausdruck einer Sekundärwirkung der Nachfrageverwandtschaft interpretiert werden.

Die entscheidende Frage lautet jedoch: Muß nicht auch die Nachfragemenge x_i als Nutzenindikator angesehen werden? Wenn ja, müßte von einer nichtlinearen Beziehung zwischen diesem Nutzenindikator x_i und dem Nutzen ϕ ausgegangen werden, und der Ausdruck $\frac{\partial^2 x_i}{\partial p_i \, \partial p_j}$ wäre nicht mehr fähig, Zuverlässiges <u>über Nachfrageverwandtschaft</u> auszusagen.

Nehmen wir an, der Nachfrager f mißt seinen Güternutzen mit Hilfe der Nutzenindikator-Funktion I_f. Der Nutzenindikator hängt ab von den verwendeten Mengen der "Güter an sich" i und j und von den Aktionsparametern p_i und p_j. Wir können auch noch einen Schritt weitergehen und in die Funktion den Vektor N_f aufnehmen als Symbol für alle Einflüsse auf die Nutzenvorstellungen des Nachfragers f, die nicht von den Anbietern ausgehen. Die Beziehung lautet dann

$$I_f = I_f \; (x^*_{if}, x^*_{jf}, p_i, p_j, N_f).$$

x^*_i und x^*_j wurden mit einem Stern versehen, um deutlich zu machen, daß es sich um Mengen von "Gütern an sich" handelt. Sie unterscheiden sich von den Nach-

---

("substitutiven") Gütern, wenn $\frac{\partial x_i}{\partial p_j} > 0$.

Vgl. <u>R/oy/ G/eorge/ D/ouglas/ Allen</u>, Mathematik für Volks- und Betriebswirte (Aus dem Englischen übersetzt von Erich Kosiol). Berlin 1956, S. 322. Wir haben die Symbole geändert. Siehe auch unsere Ausführungen zum Schultz-Indikator und die Diskussion dieser Quotienten, S. 59 - 73.

fragemengen x_i und x_j. Ferner kann man davon ausgehen, daß die Nachfrage des Nachfragers f nach dem Gut i abhängt vom Nutzenindikator I_f, vom Preis p_i und von der "Konkurrenz um Kapazitäten", einem Vektor K_f, der wiederum in funktionaler Abhängigkeit von den Preisen p_i und p_j zu denken ist, also

$$x_i = x_i \, (I_f, p_i, K_f) \text{ oder}$$

$$x_i = x_i \, (x^*_{if}, x^*_{jf}, p_i, p_j, N_f, K_f).$$

Nichts Endscheidendes würde sich ändern, wenn wir x_i - statt wie bisher als Nachfrage eines einzelnen Haushalts - als Gesamtnachfrage aller Haushalte nach dem Gut i verstünden.

Wichtig ist vielmehr, daß sich die Größe x_i durch ihre Abhängigkeit von einem Nutzenindikator selbst als Nutzenindikator darstellt. Das leuchtet ein, wenn man bedenkt, daß im Prinzip eine Ursache bis zum letzten Glied einer eventuell auftretenden Kausalkette wirkt - wenn auch die Wirkung vielleicht vielfach transformiert wird.

Wenn nun aber x_i als Nutzenindikator anzusehen ist, trifft auf diese Größe auch zu, was schon unter (1) und (2) zur Möglichkeit festgestellt wurde, einen Pareto-Edgeworth-Indikator zu entwickeln: Auch die zweite gemischte Ableitung $\frac{\partial^2 x_i}{\partial p_i \, \partial p_j}$ vermittelt keine verläßlichen Aussagen über die Nachfrageverwandtschaft.

Dieses Ergebnis hat durchaus exemplarische Bedeutung. Ist es überhaupt denkbar, daß eine Funktion, die irgend etwas über die Wirkung einer nachfrageverwandtschaftlichen Beziehung aussagen könnte, keinen Nutzenindikator enthält? Wir behaupten: nein. Denn wir sehen nur zwei Möglichkeiten: Entweder steht die Funktion in irgendeinem Bezug zu einem Nutzenindikator - dann kann sie nur zu einem theoretisch, aber nicht praktisch verwendbaren Pareto-Edgeworth-Indikator führen; denn es muß eine lineare Beziehung zwischen F und ϕ vorausgesetzt werden. Oder die Funktion enthält keine Aussagen über einen Nutzenindikator, und dann ist sie überhaupt nicht zur Gewinnung von Informationen über die Nachfrageverwandtschaft geeignet.

zu (4): Nachdem alle bisherigen Versuche, einen praktikablen Pareto-Edgeworth-Indikator zu formulieren, gescheitert sind, bleibt nur noch die Möglichkeit, das Charakteristikum "zweite gemischte Ableitung einer Funktion" aufzugeben.

Wir würden es dann jedoch nicht mehr für gerechtfertigt halten, einen Verwandtschaftsindikator mit dem Namen von Pareto und Edgeworth zu verbinden. Erstens würde die letzte Beziehung des Verwandtschaftsindikators zum Pareto-Edgeworth-Kriterium verlorengehen; denn ein solcher Verwandtschaftsindikator stimmte nicht einmal mehr mit dem gerade typischen Strukturmerkmal des Pareto-Edgeworth-Kriteriums überein. Und zweitens können Verwandtschaftsindikatoren, die nichts mehr mit zweiten gemischten Ableitungen einer Funktion zu tun haben, eher auf eigenständige Ansätze anderer Autoren, insbesondere Schultz und Triffin, bezogen werden. Wir werden solche Verwandtschaftsindikatoren deshalb in Verbindung mit den Ansätzen jener anderen Autoren diskutieren[58].

Damit stellen wir fest, daß sich das Pareto-Edgeworth-Kriterium in keinen praktisch verwendbaren Verwandtschaftsindikatoren verwandeln läßt, dem die Bezeichnung "Pareto-Edgeworth-Indikator" zukäme.

---

58) Siehe S. 59 ff., 99 ff.

II Die Eignung lediglich auf Preis-Mengen-Beziehungen gestützter Aussagen zur Nachfrageverwandtschaft

a) Die Aussagen zur Nachfrageverwandtschaft von Henry Schultz

1. Darstellung seiner Speziellen Theorie der Nachfrageverwandtschaft

Die Bestimmung der Nachfrageverwandtschaft scheiterte bislang vor allem an ihrer Verknüpfung mit der Nutzenmessung. Deshalb hat schon 1938 Henry Schultz einen großangelegten Versuch unternommen[59], die Bestimmung der Nachfrageverwandtschaft von der Nutzenmessung zu befreien. Wir wollen seine Ableitung kurz wiederholen.

Schultz geht vom Grenznutzen $\phi_i = \frac{\partial \phi}{\partial x_i}$ aus und setzt ihn dem Produkt aus dem Grenznutzen (m) der Geldausgabe für das Gut i und dem Preis dieses Gutes (p_i) gleich, also $\phi_i = m \cdot p_i$ [60]. Indem Schultz ϕ_i nach x_j, der Menge des anderen Gutes, differenziert, erhält er

$$\phi_{ij} = m \frac{\partial p_i}{\partial x_j} + p_i \frac{\partial m}{\partial x_j} \quad .$$

Schultz strebt nach einem in ökonometrischen Untersuchungen verwendbaren Verwandtschaftsindikator. Deshalb liegt ihm daran, m und $\frac{\partial m}{\partial x_j}$ aus der Gleichung zu eliminieren; denn nur die Größe $\frac{\partial p_i}{\partial x_j}$ ist statistischen Untersuchungen zugänglich. Hier kommt ihm nun entgegen, daß sich der Grenznutzen der Geldausgabe für x_i praktisch nicht ändert, wenn in der Verbrauchsmenge des Gutes j eine geringfügige Zu- oder Abnahme eintritt. Dadurch reduziert sich die rechte Seite der obigen Gleichung auf m $\frac{\partial p_i}{\partial x_j}$. Da ferner m als

---

59) Vgl. Schultz, Theory, S. 572 - 582, insbes. S.575.

60) Schultz verwendet als Symbol des Preises den Buchstaben "y". Wir haben die Änderung vorgenommen, um in dieser Arbeit Preise einheitlich mit "p" zu bezeichnen. Vgl. Schultz, S. 575.

Konstante angesehen werden kann, ist eine lineare Transformation erlaubt, so daß $\frac{\partial p_i}{\partial x_j}$ den Charakter eines Indikators der Größe ϕ_{ij} annimmt.

Bei dieser Ableitung wurde implizite davon ausgegangen, daß der Anbieter des Gutes i Mengenpolitik betreibt. Unterstellt man statt dessen Preispolitik (gilt also die Menge als abhängige Variable), wird die Größe $\frac{\partial x_i}{\partial p_j}$ zum Indikator der Größe ϕ_{ij}[61]. - Wir werden für die weitere Arbeit den Fall der Mengenpolitik ausschließen.

Wird lineare Transformierbarkeit der Größe ϕ_{ij} in die Größe $\frac{\partial x_i}{\partial p_j}$ vorausgesetzt, zeigt ein negativer Wert für $\frac{\partial x_i}{\partial p_j}$ Komplementarität, ein positiver Wert Substitutionalität an.

Indessen - die zuletzt genannte Voraussetzung der linearen Transformierbarkeit offenbart einen entscheidenden Mangel. Der aufgrund dieser Ableitung gewonnene Ausdruck $\frac{\partial x_i}{\partial p_j}$ wäre nur dann als Verwandtschaftsindikator verwendbar, wenn er in einer eindeutigen Beziehung zur Größe ϕ_{ij} stünde. Auf die eindeutige Beziehung könnte nicht verzichtet werden, weil sonst ein Verwandtschaftsindikator-Wert von null und das Vorzeichen des Indikators nichts hinreichend Verläßliches über Nachfrageverwandtschaft aussagen würden. Eindeutigkeit ist jedoch nur bei linearer Transformierbarkeit gewährleistet, wie bereits festgestellt wurde[62], und damit verbindet sich bekanntlich implizite die wirklichkeitsfremde Annahme der kardinalen Meßbarkeit des Nutzens. Schultz selbst hat diesen Mangel gesehen und seine Spezielle Theorie

---

61) Vgl. Schultz, Theory, S. 575 f. - Derselbe Indikator der Nachfrageverwandtschaft ist später auch verwandt worden z.B. von v. Stackelberg, Grundlagen, S. 241, und von Weber, Grundzüge, S. 64.

62) Siehe S. 50 f.

als zur empirischen Messung und eindeutigen Bestimmung der Nachfrageverwandtschaft nicht geeignet verworfen[63].

2. Ableitung des Schultz-Indikators

Trotz des negativen Ergebnisses, zu dem Schultz gelangt ist, müssen wir uns noch weiter mit seinem Ansatz beschäftigen; denn wir verfolgen ein weniger eng umgrenztes Untersuchungsziel als Schultz: Wir suchen lediglich eine Möglichkeit, Anhaltspunkte über Nachfrageverwandtschaft zu gewinnen.

Die Feststellung von der Mehrdeutigkeit von Verwandtschaftsindikatoren bezieht sich nur auf solche, die zweite gemischte Ableitungen von Nutzenindikator-Funktionen darstellen oder - wie der von Schultz abgeleitete Verwandtschaftsindikator - als zweite gemischte Ableitungen interpretiert werden. Dies und die Tatsache, daß eben nur ein Verwandtschaftsindikator gesucht wird, führt erneut[64] zur Frage, ob nicht schon die erste Ableitung einer Nutzenindikator-Funktion als hinreichender Verwandtschaftsindikator betrachtet werden kann.

Gründe, die für einen solchen Indikator, und zwar konkret für den Indikator in der Form $\frac{\partial x_i}{\partial p_j}$, sprechen, haben wir bereits angeführt[65].
Wir wiederholen sie noch einmal: Man darf erwarten, daß bei Nachfrageverwandtschaft $\frac{\partial x_i}{\partial x_j} \neq 0$. Da im Regelfall $\frac{\partial x_j}{\partial p_j}$ ebenfalls ungleich null ist, kann man annehmen, daß eine von einer Änderung des Preises p_j induzierte Änderung der Menge x_j sich auch bei der Menge x_i auswirkt, also im Fall von Nachfrageverwandtschaft auch $\frac{\partial x_i}{\partial p_j}$ ungleich null ist.

---

63) Vgl. Schultz, Theory, S. 607 f.
64) Siehe S. 58.
65) Siehe S. 55.

Gegen einen solchen Verwandtschaftsindikator spricht, daß sich die aus einer solchen Größe ableitbaren Aussagen über die Nachfrageverwandtschaft weiter von der Wirklichkeit entfernen müssen, als es c.p. bei der zweiten gemischten Ableitung der Fall wäre. Dies soll zunächst belegt werden:

Wir unterstellen für einen Augenblick, es sei zulässig, die Größe $\frac{\partial}{\partial p_i}\left(\frac{\partial x_i}{\partial p_j}\right) = \frac{\partial^2 x_i}{\partial p_i \, \partial p_j}$ als Verwandtschaftsindikator zu verwenden. Nach diesem Indikator würde auf Nachfrageverwandtschaft "geschlossen", wenn sich <u>zwei</u> Beträge für $\frac{\partial x_i}{\partial p_j}$ unterschieden, vorausgesetzt, der Unterschied beruhte allein auf einer marginalen Änderung des Preises p_i. Als Hinweis aus Substitutionalität (Komplementarität) würde gewertet, wenn bei einer Zunahme des Preises p_i der Quotient $\frac{\partial x_i}{\partial p_j}$ zunähme (abnähme).

Verwendet man hingegen die Größe $\frac{\partial x_i}{\partial p_j}$ als Verwandtschaftsindikator, gilt ein von null verschiedener Wert <u>schon dieser Größe allein</u> als Hinweis auf Nachfrageverwandtschaft, und auf Substitutionalität (Komplementarität) wird "geschlossen", wenn ein einzelner Betrag $\frac{\partial x_i}{\partial p_j}$ positiv (negativ) ist.

Den Ausdruck $\frac{\partial x_i}{\partial p_j}$ anstelle von $\frac{\partial^2 x_i}{\partial p_i \, \partial p_j}$ zu verwenden, gleicht also einem Ersatz des Pareto-Edgeworth-Kriteriums $\frac{\partial^2 \phi}{\partial x_i \, \partial x_j}$ durch den Grenznutzen $\frac{\partial \phi}{\partial x_i}$ oder $\frac{\partial \phi}{\partial x_j}$. Und wenn man $\frac{\partial^2 x_i}{\partial p_i \, \partial p_j}$ als dem Pareto-Edgeworth-Kriterium näherstehend ansieht als die Größe $\frac{\partial x_i}{\partial p_j}$, kann man behaupten, daß sich mit der Verwendung der ersten Ableitung Aussagen über die Nachfrageverwandtschaft von der Wirklichkeit entfernen: Mit einer ersten Ableitung wird immer in einer größeren Zahl von Fällen auf (tatsächliche und scheinbare) Verwandtschaftsbeziehungen hingewiesen und eine bestimmte Art von Nachfrageverwandtschaft angezeigt als mit der zweiten gemischten Ableitung. Das heißt aber auch, daß mit der Verwendung eines auf der ersten Ableitung beruhenden Verwandtschaftsindikators die Gefahr wächst, Hinweise auf Verwandtschaftsbeziehungen und eine bestimmte Art der Nachfrageverwandtschaft zu gewinnen, die der Wirklichkeit widersprechen.

Dennoch - diese Gefahr scheint uns geringer ins Gewicht zu fallen als die guten Gründe, die <u>für</u> einen Indikator in der Form $\frac{\partial x_i}{\partial p_j}$ angeführt werden können. Bei einem Verwandtschaftsindikator muß schon von seinem Wesen her von vornherein mit einer Fehleinschätzung gerechnet werden. Wir meinen darum, man kann es verantworten, den Ausdruck $\frac{\partial x_i}{\partial p_j}$ als Verwandtschaftsindikator zu verwenden.

Wegen der scheinbaren Gleichheit dieser Größe mit dem von Schultz angestrebten Verwandtschaftsindikator wollen wir den Namen Schultz-Indikator einführen. Der Schultz-Indikator soll zunächst interpretiert werden als erste Ableitung der Absatzfunktion $x_i = x_i(p_i, p_j \ldots)$ nach p_j. Mit der oben gegebenen Begründung erklären wir: Falls $\frac{\partial x_i}{\partial p_j} \neq 0$, besteht Grund zur Annahme, daß die beiden Güter i und j nachfrageverwandt sind. Ein negativer Verwandtschaftsindikator-Wert deutet auf eine Komplementaritätsbeziehung, ein positiver Wert auf eine Substitutsbeziehung hin. Weil auf alle Fälle von einer nichtlinearen Beziehung zwischen der Nutzenindikator-Funktion x_i und der Nutzenfunktion ϕ ausgegangen werden muß (anderenfalls würde kardinale Meßbarkeit des Nutzens unterstellt), kann die Aussage des Verwandtschaftsindikators nie sicher sein. Dies unterstreicht noch einmal den Indikatorcharakter der Größe $\frac{\partial x_i}{\partial p_j}$.

Wir haben den Schultz-Indikator noch nicht endgültig formuliert. Zuvor müssen wir noch verschiedene mögliche Anwendungsbeschränkungen ausschalten, die aus der Formulierung erwachsen könnten.

(1) Der Schultz-Indikator soll als Differenzen-Quotient (nicht Differential-Quotient) verstanden werden. Es sollen also nicht nur infinitesimal kleine Änderungen mit dem Schultz-Indikator erfaßt werden können. Dennoch wollen wir die gewohnte Schreibweise mit Differential-Quotienten beibehalten.

(2) Für den Schultz-Indikator brauchen die Integrierbarkeitsbedingungen nicht zu gelten. Schultz selbst mußte diese Bedingungen als erfüllbar ansehen, weil er sonst nicht die Existenz einer Nutzenfunktion hätte unterstellen können. Die Integrierbarkeitsbedingungen setzen eine transitive Präferenzordnung voraus. Das heißt, das Gut A wird z.B. dem Gut B vorgezogen und das Gut B dem Gut C; das Gut C rangiert für das Individuum aber niemals vor dem Gut A. Unter dieser Voraussetzung ist es sicher, daß es für das Individuum eine, doch nicht nur eine einzige Nutzenfunktion gibt[66]. Aus den Integrierbarkeitsbedingungen folgt ferner, daß zum Beispiel

$$\frac{\partial x_i}{\partial p_j} = \frac{\partial x_j}{\partial p_i} \quad {}^{67)} \, .$$

Wir brauchen die Integrierbarkeitsbedingungen nicht zu setzen, weil bei dem von uns angestreb-

66) Vgl. Hicks-Allen, Reconsideration, S. 131. Siehe auch Krelle(-Coenen), S. 20.

67) Vgl. Schultz, Theory, S. 578 f.; Samuelson, Foundations, S. 95; ders., The Problem of Integrability in Utility Theory. In Economica, N.S., Vol. XVII (1950), S. 355-385; Stigler, Development, S. 380 f.

ten Schultz-Indikator nicht die Existenz einer Nutzenfunktion vorausgesetzt zu werden braucht. Allerdings ist dann auch immer damit zu rechnen, daß z.B. $\frac{\partial x_i}{\partial p_j} \neq \frac{\partial x_j}{\partial p_i}$. Das heißt, wir müssen immer erwarten, daß eine asymmetrische nachfrageverwandtschaftliche Beziehung herrscht. Um mit dem Schultz-Indikator Art und Stärke einer Verwandtschaftsbeziehung umfassend abzuschätzen, ist demnach stets sowohl der Quotient $\frac{\partial x_i}{\partial p_j}$ als auch die "rückbezügliche" Größe $\frac{\partial x_j}{\partial p_i}$ zu verwenden[68].

Die Möglichkeit, asymmetrische Verwandtschaftsbeziehungen zu erfassen, ist wichtig, damit Nachfrageverwandtschaft nicht bei Betrachtung des Verhältnisses zwischen großen und kleinen Anbietern übersehen wird. Bezieht man den Schultz-Indikator z.B. auf die Absatzmenge an Brötchen der Lebensmittelabteilung eines großen Kaufhauses, x_i, und den Brötchenpreis eines kleinen Bäckers in der Nähe, p_j, ist nicht auszuschließen, daß der Schultz-Indikator Unverbundenheit zwischen dem Angebot des Kaufhauses und dem Angebot des Bäckers anzeigt. Bezieht man hingegen den Schultz-Indikator auf die Absatzmenge an Brötchen des Bäckers, x_j, und den Brötchenpreis des Kaufhauses, p_i, kann vielleicht zur selben Zeit eine starke Substitutionsbeziehung zutage treten. Der Unterschied kann dadurch verursacht sein, daß der Bäcker von Veränderungen des Brötchenpreises im Kaufhaus in starkem Maße abhängt, während das Kaufhaus von Veränderungen des Brötchenpreises beim Bäcker nur schwach oder gar nicht berührt wird.

---

68) Siehe die analoge Bemerkung Triffins in Bezug auf die Kreuzelastizität. Vgl. Triffin, Monopolistic Competition, S. 138 in Verbindung mit S. 104.

(3) Der Schultz-Indikator braucht nicht auf der Annahme begründet zu werden, die betrachteten Güter i und j beanspruchten nur einen kleinen Teil des Budgets, wie dies aufgrund der Gleichung $\phi_i = m \cdot p_i$ im Ansatz von Schultz vorausgesetzt werden mußte[69]. Der Schultz-Indikator kann dann unabhängig davon verwendet werden, welcher Teil des Budgets für die Güter ausgegeben wird.

(4) Wir sehen ferner nichts Grundsätzliches, was uns daran hindern müßte, den Schultz-Indikator statt mit einer Preisänderung mit der Änderung im Einsatz anderer Aktionsparameter in Verbindung zu bringen. Formal gesehen, braucht man nur "Preisänderung" durch "Änderung in der Produktgestaltung" oder "Änderung in den Werbemaßnahmen" u.ä. zu ersetzen. Nicht einmal die Quantifizierung der Einsätze nichtpreispolitischer Instrumente ist unbedingt erforderlich.

(5) Ebenso wie man die Nennergröße des Schultz-Indikators in verschiedener Weise interpretieren kann, halten wir es für zulässig, auch im Zähler unterschiedliche Größen aufzunehmen. Warum sollten nur die Absatzfunktionen x_i und x_j zur Anzeige nachfrageverwandtschaftlicher Beziehungen geeignet sein? In Frage kommt durchaus auch eine Funktion, in der die Absatzmenge als unabhängige Variable erscheint, insbesondere die Gewinn- oder allgemein: die Zielfunktion des betreffenden Unternehmens, also z.B. die Funktion $Z_i = x_i p_i - K$, wobei K die Kostenfunktion darstellt. Verwenden wir die Differentialquotienten-Schreibweise und den Preis p_j als fremden Aktionsparameter, kann der Schultz-Indikator also z.B. so aussehen: $\frac{\partial Z_i}{\partial p_j}$.

69) Vgl. Schultz, Theory, S. 607 in Verbindung mit S. 575.

(6) Schließlich wollen wir die Anwendung des Schultz-Indikators auch dann zulassen, wenn nicht sicher ist, daß die Änderung des fremden Aktionsparameters überhaupt oder ausschließlich für die Änderung der Zählergröße des Schultz-Indikators verantwortlich ist oder war. Der Schultz-Indikator soll auch verwendbar sein, wenn ein ursächlicher Zusammenhang zwischen den Veränderungen der Zähler- und der Nennergröße lediglich vermutet wird. Der Unternehmer fragt sich z.B. lediglich: Besteht vermutlich ein Zusammenhang zwischen x_i und p_j? Wenn ja, wird schon aufgrund dieses nicht bewiesenen Zusammenhangs auf Nachfrageverwandtschaft "geschlossen".

Diese Lockerung der Anwendungsbedingungen hat einen Vor- und einen Nachteil:
Der Schultz-Indikator wird auch in solchen Fällen anwendbar, in denen es dem Unternehmer schwerfällt, soviel statistisches Material zu beschaffen und auszuwerten, daß daraus einwandfreie Schlüsse über den Zusammenhang zwischen Zähler-und Nennergröße des Schultz-Indikators gezogen werden können. Außerdem wird der Schultz-Indikator auf diese Weise auch auf "Güter am Markt" anwendbar, die noch nicht auf dem Markt eingeführt worden sind, ohne daß Experimente vorgenommen werden müssen.

Der Nachteil liegt darin, daß sich ohne Zweifel die Zuverlässigkeit von Aussagen des Schultz-Indikators erheblich vermindert, sobald der Indikator lediglich auf Vermutungen gestützt wird.

Nach diesen Vorarbeiten sind wir in der Lage, den Schultz-Indikator endgültig zu formulieren:

Als Schultz-Indikator der Nachfrageverwandtschaft gilt jene Änderung der Absatzmenge des Gutes i oder jene damit in Zusammenhang stehende Änderung der Zielgröße des Anbieters des Gutes i, die nachweislich (aufgrund statistischer Zusammenhänge) oder vermutlich von einer Änderung im Einsatz der Aktionsparameter des Anbieters des Gutes j ausgelöst wird oder wurde.

Die folgende Diskussion der Leistungsfähigkeit des Indikators soll exemplarisch auf eine bestimmte Form, nämlich auf die Form $\frac{\partial x_i}{\partial p_j}$ des Schultz-Indikators, bezogen werden. Das erleichtert die Argumentation, zumal die Art der Argumente keine Gefahr für die Allgemeingültigkeit der Aussagen erwarten läßt.

3. Die Leistungsfähigkeit des Schultz-Indikators

(aa) Anwendung auf "Güter im Experiment"

Die Frage, ob der Schultz-Indikator auf "Güter im Experiment" anwendbar ist, kann am besten mit Hilfe eines gedachten Experiments untersucht werden. Das Experiment, das wir zugrunde legen, entspricht im wesentlichen einem Vorschlag Hüttners für den Preistest[70].

Wir nehmen an, im Experiment sollte festgestellt werden, ob eine Veränderung des Preises p_j die Präferenz für das Gut i berührt. Zwei Gruppen von Versuchspersonen wird (oder einer Gruppe wird zu zwei verschiedenen Zeitpunkten) je eine Güterkombination dargeboten,

- 1. Kombination, bestehend aus dem
  Gut $\bar{x}_i$ mit dem Preis $\bar{p}_i$ und (= e_1)
  dem Gut $\bar{x}_j$ mit dem Preis $\bar{p}_j$ (= e_2)
- 2. Kombination, bestehend aus
  dem Gut $\bar{x}_i$ mit dem Preis $\bar{p}_i$ und (= e_1)
  dem Gut $\bar{x}_j$ mit dem Preis $(\bar{p}_j+\partial p_j)$,
  wobei $\partial p_j < 0$. (= e_3)

70) Vgl. Manfred Hüttner, Grundzüge der Marktforschung. Wiesbaden 1965, S. 224 f.

Wenn man vom Regelfall ausgeht, in dem eine Versuchsperson c.p. das Gut x_j mit dem niedrigeren Preis dem Gut x_j mit dem höheren Preis vorzieht, also $e_3 \succ e_2$ gilt, sind folgende Formen transitiver, "starker" Präferenzordnungen denkbar:

$e_1 \succ e_3 \succ e_2$ oder

$e_3 \succ e_2 \succ e_1$ oder

$e_3 \succ e_1 \succ e_2$.

Wir wollen hier die Präferenzen als Ausdruck von Nutzenunterschieden verstehen und den Güternutzen mit u symbolisieren. Dann ist aus den Präferenzordnungen unmittelbar zu ersehen, daß $[u(e_1) - u(e_2)]$ niemals $[u(e_1) - u(e_3)]$ gleichen kann; zumindest tragen die Nutzendifferenzen verschiedene Vorzeichen. Das bedeutet zugleich: Wird für ein Gut der Preis geändert, muß sich bei nur zwei zur Auswahl stehenden Gütern die Häufigkeit der Präferenzentscheidungen für das andere Gut ändern. Ferner - sieht man die Häufigkeit der Präferenzentscheidungen für das Gut i als Indikator der Absatzmenge x_i an - was uns zulässig erscheint - , muß aus einem solchen Experiment immer $\frac{\partial x_i}{\partial p_j} \neq 0$ folgen. Mehr noch: Da nur zwei Güter zur Auswahl stehen, muß die Zunahme der Präferenz für das eine Gut immer von einer Abnahme der Präferenz für das andere Gut begleitet sein. Der Indikator-Wert wird deshalb immer ein positives Vorzeichen haben, so daß ein solches Experiment immer eine Substitutionsbeziehung anzeigt, gleichgültig, ob dies der Wirklichkeit entspricht oder nicht. Auf dieses Phänomen - daß bei nur zwei zur Auswahl stehenden Gütern nichts anderes als eine Substitutionsbeziehung auftreten kann - haben schon in den 30iger Jahren Hicks und Allen hingewiesen[71].

---

71) Vgl. Hicks-Allen, Reconsideration, S. 129. Siehe auch Samuelson, Foundations, S. 184, Fußn. 13.

Wir sehen keine Möglichkeit, diesen Mangel im Experiment zu vermeiden, ohne den Schultz-Indikator durch einen anderen Indikator zu ersetzen. Mit anderen Worten: Der Schultz-Indikator ist für die Anwendung auf "Güter im Experiment" nicht geeignet.

(bb) Anwendung auf "Güter am Markt"

Die Anwendung des Schultz-Indikators auf "Güter am Markt" ist demgegenüber verhältnismäßig unproblematisch. Dafür bedarf es nicht einmal einer eingehenden Begründung; denn die erforderlichen Informationen lassen sich im allgemeinen mit Hilfe marktstatistischer Erhebungen beschaffen. Allerdings dürfte es für den Anbieter des Gutes i schwieriger sein, sich über ∂x_j als über ∂x_i zu informieren. Aber zu hinreichend genauen Schätzungen sollte der Unternehmer regelmäßig in der Lage sein. Wir brauchen hier auf die Probleme marktstatistischer Erhebungen nicht einzugehen; darüber gibt es eine reichhaltige Literatur[72]. Sie berühren die Frage der Leistungsfähigkeit des Schultz-Indikators nicht - bis auf ein Problem, das deshalb näher beleuchtet werden soll:

Soll statistisches Material für den Schultz-Indikator verwendet werden, muß es zuvor von den Wirkungen bereinigt werden, die auf Nachfrageverschiebungen zurückzuführen sind (Nachfrageverschiebungen aufgrund von Einkommensänderungen oder Änderungen der Bedarfsstruktur)[73]. Arndt hat auf diese Notwendig-

---

72) Vgl. z.B. Erich Schäfer, Grundlagen der Marktforschung. Marktuntersuchung und Marktbeobachtung. Vierte, neubearb. und erw. Aufl., Köln und Opladen 1966, 7., 8. u. 1o. Kapitel; Hüttner, Grundzüge, Zweiter Teil; Bruno Tietz, Grundlagen der Handelsforschung. Marketing-Theorie, Erster Band. Rüschlikon - Zürich 1969, 5. Kapitel; Peter M. Chisnall, Marketing Research: Analysis and Measurement. London, New York usw. 1973, bes. Chapter 3 - 5, 7 - 11.

73) Auch große Preisänderungen können solche Verschiebungen auslösen, wie Arndt betont. Vgl. Helmut Arndt, Mikroökonomische Theorie. 1. Band. Marktgleichgewicht. Tübingen 1966, S. 97.

keit im Zusammenhang mit der Elastizitätsmessung aufmerksam gemacht[74]. Wir wollen seinen Gedankengang an zwei Beispielen plausibel machen (Abb. 6):

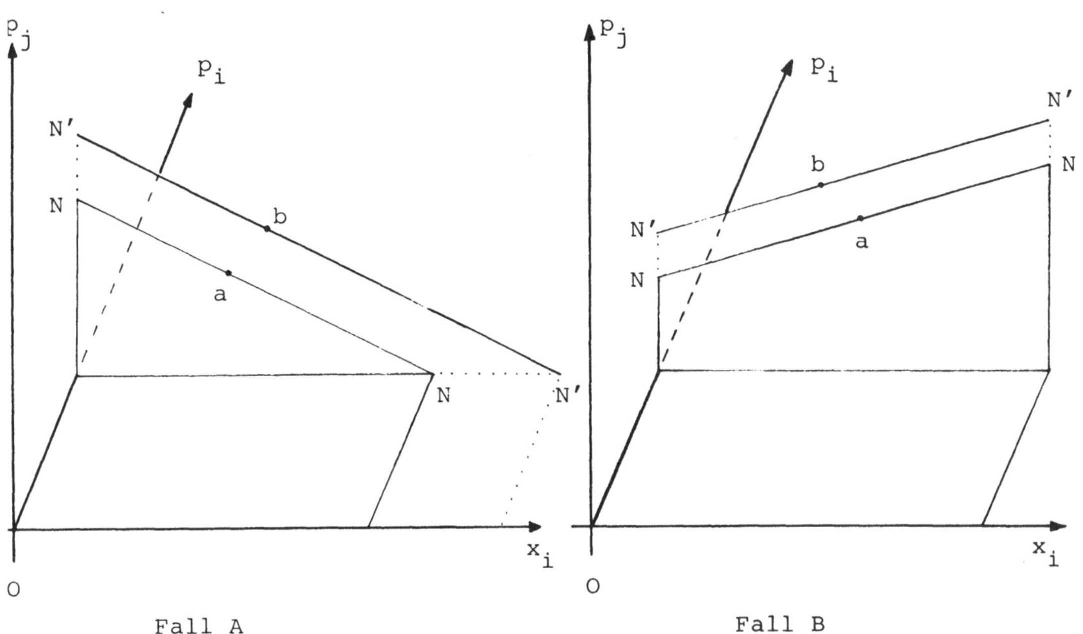

Abb. 6: Durch Nachfrageverschiebung bewirkte Verschiebung einer"Kreuz-Preis-Absatz-Kurve" NN nach N'N'

In beiden Darstellungen hat der Schnitt durch ein "Preis-Mengen-Gebirge" jeweils zwei "Kreuz-Preis-Absatz-Kurven" erbracht. Mit "Kreuz-Preis-Absatz-Kurven" meinen wir Kurven, die die Abhängigkeit der Menge x_i vom Preis p_j anzeigen. Die Kurve NN soll sich stets auf einen früheren Zeitpunkt beziehen als die Kurve N'N'. Wir nehmen an, nach Beobachtung des Punktes a sei das Marktgleichgewicht durch eine Nachfrageverschiebung gestört worden. Der Punkt b soll die neue Gleichgewichtslage verkörpern.

74) Vgl. Arndt, Mikroökonomische Theorie, 1. Bd., S. 97 - 100, 105 - 108.

Im Fall A herrscht zwischen den Gütern i und j eine Komplementaritäts-, im Fall B eine Substitutionsbeziehung. Das kommt mit der Steigerung der "Kreuz-Preis-Absatz-Kurven" zum Ausdruck: Es besteht Grund zur Annahme, daß der Absatz des Gutes i bei einer Erhöhung des Preises p_j sinkt (steigt), wenn das Gut j mit dem Gut i komplementär (substitutiv) verbunden ist.

Wir unterstellen nun, daß dem Unternehmer die "Kreuz-Preis-Absatz-Kurven" unbekannt sind und lediglich die Veränderungen der Preise und Mengen von einer Gleichgewichtslage zur nächsten für die Bestimmung der Nachfrageverwandtschaft verwendet werden sollen. Wird jetzt nicht beachtet, daß die Veränderungen auf Nachfrageverschiebungen beruhen können, kann es zu Fehleinschätzungen der Nachfrageverwandtschaft kommen: Bei bloßer Betrachtung der Punkte a und b würde man im Fall A eine Substitutions- und im Fall B eine Komplementaritätsbeziehung vermuten. Bei anderer Lage der Punkte a und b könnte Unabhängigkeit vorgetäuscht werden. Ebenso sind Fehleinschätzungen der Stärke der Nachfrageverwandtschaft möglich.

Die Bereinigung des statistischen Materials ist also unumgänglich. Auf die Problematik, die mit der Bestimmung von Gleichgewichtslagen verbunden ist, werden wir in Teil D eingehen[75]. Für das Weitere setzen wir voraus, daß das Material bereinigt ist; auch andere methodische Fehler bei der Erhebung und Auswertung des statistischen Materials sollen ausgeschaltet worden sein. Vermag unter diesen Voraussetzungen der Schultz-Indikator das zu leisten, was von ihm erwartet wird? Die Frage kann nur mit einem eingeschränkten Ja beantwortet werden. Seine Aussagefähigkeit leidet

75) Siehe S. 178 - 183.

unter zwei Mängeln:

(1) Der Schultz-Indikator zeigt nicht nur Nachfrageverwandtschaft, sondern auch "Konkurrenz um Kapazitäten" an. Eine Trennung beider Phänomene ist bei Verwendung dieses Indikators nicht möglich.

(2) Der Schultz-Indikator wird ausschließlich aus absoluten Änderungen der Zähler- und der Nennergröße gebildet. Unberücksichtigt bleibt die jeweilige Ausgangssituation, und damit werden Informationen ausgeklammert, die etwas zur Aussage über die Stärke der Nachfrageverwandtschaft beitragen können. Wir werden diesen Mangel näher beleuchten, wenn wir den Schultz-Indikator mit den Triffin-Indikatoren vergleichen[76].

Insgesamt halten wir den Schultz-Indikator jedoch für hinreichend geeignet, bei "Gütern am Markt" Nachfrageverwandtschaft, ihre Arten und ihre Stärke anzuzeigen. Allerdings sind die beiden zuletzt genannten Mängel Grund genug, noch nach einem besseren Verwandtschaftsindikator zu suchen.

b) Slutskys Aussagen zur Nachfrageverwandtschaft

1. Darstellung der Aussagen Slutskys

Der auf Slutsky zurückgeführte Indikator der Nachfrageverwandtschaft leitet sich aus den Integrierbarkeitsbedingungen her. Slutsky stellt fest, daß bei Gültigkeit der Integrierbarkeitsbedingungen die Wirkung einer marginalen Preisänderung beim Gut j auf die Nachfrage nach dem Gut i gleich ist der Wirkung einer marginalen Preisänderung beim Gut i auf

---

76) Siehe S. 109 - 114.

die Nachfrage nach dem Gut j[77], und er schreibt:

$$(1) \qquad \frac{\partial x_j}{\partial p_i} + x_i \frac{\partial x_j}{\partial s} = \frac{\partial x_i}{\partial p_j} + x_j \frac{\partial x_i}{\partial s} .$$

Dabei bedeuten ∂x_i und ∂x_j Mengenänderungen, ∂p_i und ∂p_j Preisänderungen und ∂s eine marginale Änderung des Geldeinkommens.

Henry Schultz erkannte[78], daß sich aus Slutskys Gleichungen eine Definition (besser: ein Indikator) der Nachfrageverwandtschaft ableiten läßt. Danach liegt Nachfrageverwandtschaft vor, falls

$$(2) \qquad \frac{\partial x_j}{\partial p_i} - \left(-x_i \frac{\partial x_j}{\partial s} \right) \neq 0 \quad \text{bzw.}$$

$$(3) \qquad \frac{\partial x_i}{\partial p_j} - \left(-x_j \frac{\partial x_i}{\partial s} \right) \neq 0.$$

Im Komplementaritätsfall ergibt sich ein negativer, im Substitutionsfall ein positiver Ausdruck. Dabei wird von vornherein unterstellt, daß mehr als nur zwei Güter nachgefragt werden. Im Zwei-Güter-Fall würde sich immer ein positiver Ausdruck zeigen[79].

Das erste Glied auf der linken Seite der Ungleichungen (2) und (3) symbolisiert das gesamte Ausmaß einer Nachfrageänderung beim Gut i oder j, die nach einer Preisänderung für das andere Gut eintritt. Das zweite Glied bezeichnet den sogenannten Einkommenseffekt[80].

---

77) Vgl. E/ugen/ E. Slutsky, Sulla teoria del bilancio del consumatore. In: Giornale degli Economisti. Bd. 51 (1915), S. 1 - 26. In englischer Übersetzung wieder abgedruckt in: Readings in Price Theory, selected by a committee of The American Economic Association (Stigler, Boulding). London 1953, S.27-56. In deutscher Übersetzung wieder abgedruckt in: Preistheorie, hrsg. von Alfred Eugen Ott. Köln, Berlin 1965, S. 87 - 116, hier S. 103.

78) Vgl. Schultz, Theory, S. 622 - 624.

79) Vgl. Hicks-Allen, Reconsideration, S. 129. Siehe auch Samuelson, Foundations, S. 184, Fußnote 13.

80) Vgl. Schultz, Theory, S. 622.

Was bedeutet der Einkommenseffekt und warum wird er in den Ungleichungen berücksichtigt? Mit dem zweiten Glied auf der linken Seite der Ungleichungen wird der Tatsache Rechnung getragen, daß mit $\frac{\partial x_j}{\partial p_i}$ bzw. $\frac{\partial x_i}{\partial p_j}$ nicht nur die Sekundärwirkung der Nachfrageverwandtschaft, sondern auch die Wirkung der "Konkurrenz um Kapazitäten" (hier Einkommenseffekt genannt[81]) zum Ausdruck kommt: Bei konstantem Geldeinkommen führt eine Preisänderung für das Gut j zur Änderung des Realeinkommens, d.h. nach der Preisänderung kann der Haushalt von sämtlichen Gütern, also auch vom Gut i, mehr oder weniger kaufen. Wenn aber die Wirkung der Nachfrageverwandtschaft allein angezeigt werden soll, muß die im ersten Glied der Ungleichungen enthaltene Wirkung der Realeinkommensänderung, der Einkommenseffekt, eliminiert werden. Mit anderen Worten: Die alleinige Wirkung der Nachfrageverwandtschaft ist nur unter der Voraussetzung konstant gebliebenen Realeinkommens zu erkennen. Deshalb wird mit dem zweiten Glied der Ungleichungen eine Geldeinkommensänderung fingiert, die genau die mit der Preisänderung verbundene Realeinkommensänderung kompensiert.

2. Ableitung und Interpretation des Slutsky-Indikators

Der von Schultz aus dem Slutsky-Konzept abgeleitete Verwandtschaftsindikator besteht aus zwei Ausdrücken. Verwenden wir die Ungleichung (3), so sind dies der Ausdruck $\frac{\partial x_i}{\partial p_j}$, der dem Schultz-Indikator entspricht,

81) Schneider macht ausdrücklich auf die Mißverständlichkeit des Ausdrucks "Einkommenseffekt" aufmerksam. Mitunter beziehe man den Begriff nur auf jenes Gut, bei dem die Preisänderung aufgetreten ist. Vgl. Dieter Schneider, Die Preis-Absatz-Funktion und das Dilemma der Preistheorie. In: ZfdgSt, 122. Bd. (1966), S. 587 - 628, hier S. 621.

und der Ausdruck $\left(- x_j \frac{\partial x_i}{\partial s}\right)$, der den Einkommenseffekt bezeichnet. Man kann deshalb sagen, daß sich der aus dem Slutsky-Konzept abgeleitete Verwandtschaftsindikator vom Schultz-Indikator nur durch die zusätzliche Berücksichtigung des Einkommenseffekts unterscheidet. Demnach scheint es auch erlaubt, einen dem Schultz-Indikator analogen Slutsky-Indikator zu formulieren.

Als Slutsky-Indikator der Nachfrageverwandtschaft gilt eine - um einen eventuellen Einkommenseffekt bereinigte - Änderung der Absatzmenge des Gutes i oder eine damit in Zusammenhang stehende Änderung der Zielgröße des Anbieters des Gutes i. Diese Änderung der Absatzmenge oder der Zielgröße muß nachweislich (aufgrund statistischer Zusammenhänge) oder vermutlich von einer Änderung im Einsatz der Aktionsparameter des Anbieters des Gutes j ausgelöst werden oder ausgelöst worden sein.

Der Einkommenseffekt bezieht sich jetzt auch auf Änderungen im Einsatz anderer Absatzinstrumente als nur des Preises. Damit wird der Tatsache Rechnung getragen, daß nicht nur Preisänderungen Realeinkommensänderungen auslösen, sondern auch Änderungen anderer Gutsmerkmale, insbesondere der Qualität. Nehmen wir zum Beispiel an, nach der Umstellung von Stadt- auf Erdgas wären die Preise konstant geblieben, nur der Heizwert des Gases hätte sich erhöht. Unter dieser Voraussetzung hätte der Schultz-Indikator einer Substitutionsbeziehung zwischen Gas und Strom einen zu hohen Wert ausgewiesen; die Substitutionsbeziehung hätte sich als zu stark dargestellt. Die Nachfrager würden durch die Realeinkommenserhöhung in die Lage versetzt, von allen Gütern mehr nachzufragen, auch von elektrischem Strom.

3. Die Verwendbarkeit des Slutsky-Indikators

Der Slutsky-Indikator entspricht dem Schultz-Indikator bis auf die zusätzliche Berücksichtigung des Einkommenseffekts. Demnach trifft auch auf den Slutsky-Indikator zunächst alles das zu, was über die Verwendbarkeit des Schultz-Indikators gesagt wurde. Falls es für den Slutsky-Indikator noch weitere Anwendungsbeschränkungen gibt, müssen sie aus dem Einkommenseffekt erwachsen. Wir prüfen deshalb, ob sich der Unternehmer die zur Isolierung des Einkommenseffekts notwendigen Informationen beschaffen kann.

Folgende Informationen sind erforderlich: Der Unternehmer muß die vom geänderten Einsatz eines Absatzinstruments für das Gut j bewirkte Realeinkommensänderung kennen. Und er muß ferner wissen, wie sich die Realeinkommensänderung auf den Absatz seines Gutes i auswirkt.

Selbst wenn es dem Unternehmer gelingen sollte, die erste Größe, die Realeinkommensänderung, abzuschätzen, dürfte ihm die zweite Größe praktisch immer verborgen bleiben. Der Grund liegt darin, daß es einer allzu großen Menge an statistischem Erhebungsmaterial und allzu detaillierter Aufschlüsselung in der Auswertung des Materials bedürfte, um einigermaßen verläßliche Auskünfte darüber zu bekommen, wie die Nachfrager nach einer Realeinkommensänderung ihr Budget umdisponieren. Immerhin müßte z.B. bekannt werden, wie die Nachfrager regelmäßig - nicht nur einmal, vom Zufall bestimmt - den Realeinkommenszuwachs nach einer Preissenkung für das Gut j oder einer Verbesserung der Qualität des Gutes j auf die verschiedenen Güter und damit auch auf das Gut i verteilen. Selbst die Auswertung eines Panels dürfte in der Regel keine Auskünfte darüber ermöglichen, in welchem Maße die Umschichtung der Nachfrage auf eine in den Angebotsbedingungen für das Gut j liegende Realeinkommensänderung zurückzuführen ist. Wir halten also den Unternehmer im allgemeinen für außerstande, den Einkommenseffekt zu isolieren. Damit erweist sich zugleich der Slutsky-Indikator als praktisch nicht verwendbar.

Daß der Unternehmer im Regelfall den Einkommenseffekt nicht isolieren kann, wiegt allerdings nicht so schwer, wie es auf den ersten Blick scheint. Wie wir bereits festgestellt haben[82)], sind nur selten alle Bedingungen zugleich erfüllt, die zu einer für den Anbieter des Gutes i oder j merklichen "Konkurrenz um Kapazitäten" führen. Der Unternehmer wird deshalb verhältnismäßig leicht auf den - theoretischen - Vorteil des Slutsky-Indikators gegenüber dem Schultz-Indikator verzichten können.

c) Die Grenzrate der Substitution als Ausgangspunkt einer Theorie der Nachfrageverwandtschaft (Hicks, Allen und andere)

1. Darstellung der Aussagen von Hicks und Allen

Mit einem 1934 veröffentlichten Aufsatz[83)] haben Hicks und Allen versucht, die Werttheorie auf die Grenzrate der Substitution zu gründen und sie damit von der Nutzenmessung unabhängig zu machen. Unter der Grenzrate der Substitution des Gutes i in Bezug auf das Gut j wird bekanntlich die Menge des Gutes i verstanden, die den Verlust einer Grenzeinheit des Gutes j gerade aufwiegt. Geht man von der Funktionsgleichung

---

82) Siehe S. 36.
83) Vgl. Hicks-Allen, Reconsideration. Hicks' und Allens Ausführungen sind im wesentlichen wiederholt in J/ohn/ R/ichard/ Hicks, Value and Capital. Second Ed., reprinted, Oxford 1950, bes. S. 42 - 52, Mathematical Appendix Nr. 6 - 10.

einer Indifferenzkurve $I = I(x_i, x_j) = \text{const.}$ aus, ist die Grenzrate der Substitution definiert als[84)]

$$dI = \frac{\partial I}{\partial x_i} dx_i + \frac{\partial I}{\partial x_j} dx_j = 0$$

$$\frac{dx_i}{dx_j} = - \frac{\frac{\partial I}{\partial x_j}}{\frac{\partial I}{\partial x_i}} .$$

Die "erneute Betrachtung der Werttheorie" durch Hicks und Allen ist für uns wichtig, weil sie zugleich einen neuen Indikator der Nachfrageverwandtschaft erbracht hat. Um den von Hicks und Allen entwickelten Verwandtschaftsindikator darstellen zu können, müssen wir zunächst erklären, was Hicks und Allen unter dem Einkommens- und dem Substitutionseffekt verstehen[85)]. Dabei beschränken wir uns auf den Zwei-Güter-Fall. Schon dieser einfache Fall erlaubt, die grundsätzlichen Beziehungen zwischen dem Einkommens- und dem Substitutionseffekt klarzumachen. Zur Darstellung des Verwandtschaftsindikators werden wir allerdings auf den Drei-Güter-Fall übergehen. Die grundsätzlichen Ausführungen zum Einkommens- und Substitutionseffekt bleiben auch dann noch gültig. Bei der Beschreibung des Einkommens- und des Substitutionseffekts im Zwei-Güter-Fall können wir uns kurz fassen, weil dies seit langem zum Lehrbuchstoff[86)] gehört.

Angenommen, bei gegebenen Preisen, gegebenem Haushaltsbudget, gegebenem Indifferenzkurvensystem und beim Ziel "Nutzenmaximierung" fragt ein Haushalt von den Gütern i und j jene Mengenkombination (x_i, x_j) nach, die im folgenden Diagramm (Abb. 7)durch den

84) Vgl. Ott, Grundzüge, S. 87 f.
85) Vgl. Hicks-Allen, Reconsideration, S. 127.
86) Vgl. z.B. E. Schneider, Einführung, II. Teil, S. 24 f.; James M. Henderson, Richard E. Quandt, Mikroökonomische Theorie. Eine mathematische Darstellung (Aus dem Englischen übersetzt von Werner Meißner). Berlin, Frankfurt a.M. 1967, S. 10 - 31; Ott, Grundzüge, S. 80 - 104.

Punkt P gekennzeichnet ist. Die mit P gekennzeichnete Mengenkombination wird gewählt, weil in diesem Punkt die Budgetlinie LM gerade eine Indifferenzkurve, nämlich die Kurve I', tangiert und demnach kein höheres Nutzenniveau zu realisieren ist.

Sinkt danach der Preis des Gutes i, ändert sich das Preisverhältnis zwischen den beiden Gütern i und j. Würde das Budget ausschließlich für das Gut i verwandt, würde die von dem Haushalt maximal erreichbare Menge dieses Gutes steigen. Deshalb tritt der Punkt L' an die Stelle des Punktes L als Schnittpunkt der Budgetgeraden mit der x_i-Achse, d.h. die Gerade LM dreht sich in Punkt M und wird zur Geraden L'M. Nun tangiert die Budgetgerade eine andere aus der großen Schar von Indifferenzkurven. Wir haben die andere Indifferenzkurve mit I'' gekennzeichnet (Abb. 7).

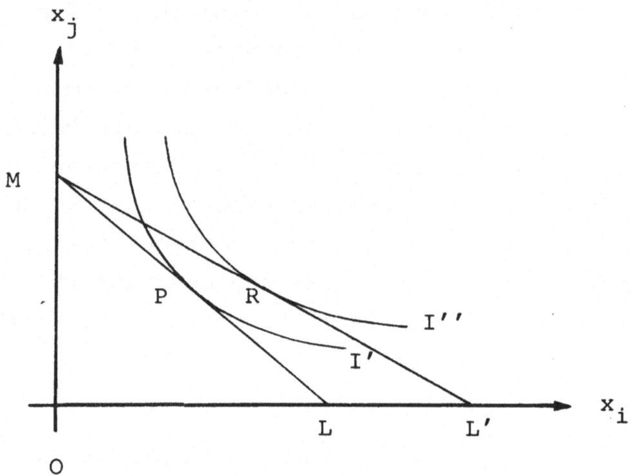

Abb. 7: Nachfrage nach den Gütern i und j (Punkt R) nach einer Preissenkung für das Gut i

Der neue Tangentialpunkt R markiert die Mengenkombination der Güter i und j, die der Haushalt nach der Preissenkung für das Gut i bei rationalem Verhalten wählt. Der Übergang vom Punkt P zum Punkt R stellt also den Gesamteffekt einer Preissenkung für das Gut i dar.

Dieser Gesamteffekt kann in einen Einkommens- und einen Substitutionseffekt aufgespalten werden[87]. Der Einkommenseffekt tritt zutage, wenn man die Preissenkung für das Gut i fiktiv durch eine Erhöhung des Haushaltsbudgets (des Einkommens) ersetzt, die dem Haushalt denselben höheren Nutzenindex bescheren würde wie die Preissenkung. Es wird also eine Geldeinkommenserhöhung fingiert, die der mit der Preissenkung verbundenen Realeinkommenserhöhung entspricht. Das fiktive (höhere) Haushaltsbudget kommt in dem Diagramm (Abb. 8) durch die Budgetgerade L''M' zum Ausdruck. Die Gerade L''M' verläuft parallel zur Geraden LM, weil das ursprüngliche Preisverhältnis gilt, und sie muß die Indifferenzkurve I'' tangieren, weil die fiktive Erhöhung des Budgets denselben Nutzenindex bescheren soll wie die Preissenkung. Nach der fiktiven Budgeterhöhung würde der Haushalt die Mengenkombination Q wählen. Der (fiktive) Übergang vom Punkt P zum Punkt Q zeigt an, wie groß der in dem Gesamteffekt der Preissenkung für das Gut i enthaltene Einkommenseffekt ist. Man sieht, der Ein-

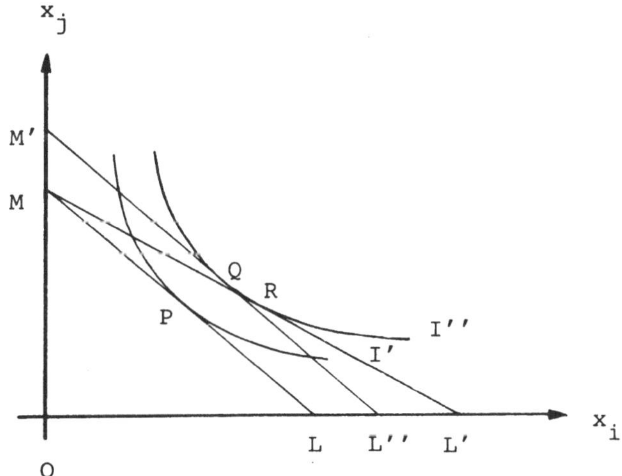

Abb. 8: Nachfrage nach den Gütern i und j (Punkt Q) nach einer fiktiven Erhöhung des Budgets

87) Eine sehr anschauliche Darstellung findet sich bei Ott, Grundzüge, S. 98 - 103.

kommenseffekt beruht also immer auf einer Bewegung von einer Indifferenzkurve zu einer anderen.

Der zweite Teileffekt der Preissenkung für das Gut i, der Substitutionseffekt, erwächst aus der Neigung des Haushalts, ein Gut gegen das andere zu substituieren. Der Substitutionseffekt wird in dem Diagramm (Abb. 8) dadurch sichtbar, daß eben nicht der Punkt Q, sondern der Punkt R verwirklicht wird. Der Substitutionseffekt verkörpert also immer eine Bewegung auf derselben Indifferenzkurve.

Das Ausmaß der beiden Effekte läßt sich mit Hilfe von Elastizitätskoeffizienten ausdrücken. Für die Bestimmung der Nachfrageverwandtschaft sind die Substitutionselastizität und die im Drei- und Mehr-Güter-Fall auftretende Komplementaritätselastizität wichtig.

Die Substitutionselastizität ist zu verstehen als das Verhältnis der relativen Änderung der Steigung des vom Ursprung ausgehenden Strahls $\overline{OQ}$ zu $\overline{OR}$ zur relativen Änderung der Steigung der Tangente $\overline{ST}$ (der Grenzrate der Substitution) zu $\overline{S'T'}$ [88] (Abb. 9). Algebraisch ist die Substitutionselastizität im Zwei-Güter-Fall definiert als

$$E_s = \frac{d\left(\frac{x_i}{x_j}\right)}{\frac{x_i}{x_j}} : \frac{d\left(\frac{dx_j}{dx_i}\right)}{\frac{dx_j}{dx_i}}$$

88) Vgl. Irving Morrissett, Some Recent Uses of Elasticity of Substitution - a Survey. In: Econometrica, Vol. 21 (1953), S. 41 - 62, hier S. 42 f.

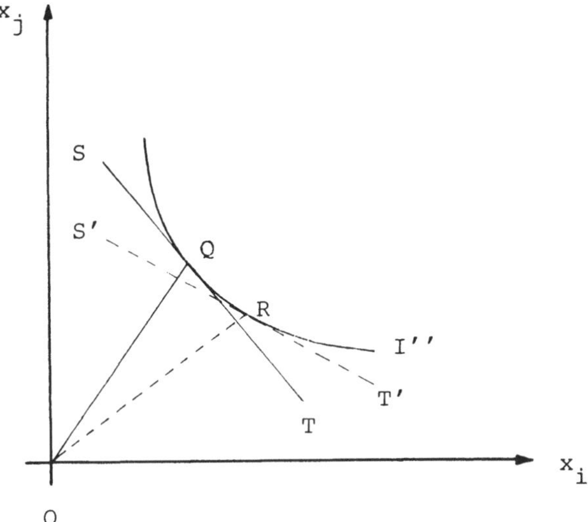

Abb. 9: Geometrische Darstellung der Substitutionselastizität zwischen den Gütern i und j

Die Komplementaritätselastizität ist analog konzipiert.

Zur Bestimmung der Nachfrageverwandtschaft brauchen Hicks und Allen den Drei-Güter-Fall. Der Grund liegt in ihrer Erkenntnis, die wir schon wiederholt zitiert haben[89]: Werden nur zwei Güter nachgefragt, müssen sie stets Substitute sein[90]. Zunächst folgt daraus, daß im Drei-Güter-Fall zwischen einem Gut und dem verbleibenden Güterpaar ebenfalls eine Substitutionsbeziehung herrschen muß[91]. Daraus folgt aber auch, eine Komplementaritätsbeziehung kann, wenn überhaupt, nur zwischen den in dem Güterpaar zusammengefaßten Gütern bestehen. Ausdrücklich erklären Hicks und Allen, daß der Begriff der Komplementarität nur Sinn hat,

89) Siehe S. 69, 74.
90) Vgl. Hicks-Allen, Reconsideration, S. 129.
91) Vgl. Hicks-Allen, Reconsideration, S. 152. Ein bequem nachzuvollziehender Beweis findet sich bei Henderson-Quandt, S. 32.

"wenn es mindestens drei in Frage kommende Güter" gibt[92]. Das notwendige dritte Gut (oder im Fall von mehr als drei Gütern: die Gesamtheit aller über zwei hinausgehenden Güter) soll mit k bezeichnet werden.

Welche Art der Beziehungen zwischen den drei Gütern herrscht, bestimmen Hicks und Allen auf folgende Weise[93]: Sinkt z.B. der Preis für das Gut i und ändert sich daraufhin die Nachfrage nach dem Gut j, so wirken zusammen der Einkommens- und der Substitutionseffekt. Ob der Substitutionseffekt auf einer Komplementaritäts- oder einer Substitutionsbeziehung zwischen den Gütern i und j beruht, läßt sich nach Hicks und Allen nur aus den gleichzeitigen Veränderungen erklären, die in den Beziehungen der Güter i und j zum Gut k eintreten. Hicks und Allen legen ihrem Verwandtschaftsindikator den Fall zugrunde, in dem sich nach einer Preisänderung für das Gut i die Menge des Gutes j nicht ändert, x_i also nur auf Kosten oder zu Gunsten des Gutes k zu- bzw. abnimmt, aber sich dennoch die Grenzrate der Substitution des Gutes j in Bezug auf das Gut k ändert[94]:

Wird diese Grenzrate der Substitution kleiner, sind die Güter i und j komplementäre Güter.

Wird hingegen diese Grenzrate der Substitution größer, kann zunächst lediglich gesagt werden, daß die Güter i und j zusammen gegen das Gut k konkurrieren. Ob i oder j allein oder beide Güter zugleich mit dem Gut k in einer Substitutionsbeziehung stehen, kann erst herausgefunden werden, wenn man nicht i und j als Paar zusammenfaßt, sondern i und k oder j und k.

---

92) Hicks-Allen, Reconsideration, S. 129.
93) Vgl. Hicks-Allen, Reconsideration, S. 129 - 131 (wir haben die Symbole geändert).
94) Vgl. Hicks-Allen, Reconsideration, S. 131, 153.

Das Ausmaß der Änderung in der Grenzrate der Substitution, die "Komplementaritätselastizität", bedeutet zugleich ein Maß für die Stärke der Verwandtschaftsbeziehung[95]. Eine Komplementaritätselastizität von null darf jedoch nicht als Ausdruck der Unabhängigkeit angesehen werden. Darauf hat Hicks ausdrücklich hingewiesen[96]. Unabhängigkeit des Güterpaars i und j vom Gut k liegt nur dann vor, wenn die Grenzrate der Substitution des Gutes i in Bezug auf das Gut j unabhängig ist von der im Besitz des Haushalts befindlichen Menge des Gutes k[97].

Zusammenfassend stellen wir fest, daß Hicks und Allen die Komplementaritätselastizität als Indikator der Nachfrageverwandtschaft verwenden. An dieser Tatsache hat sich nichts durch die Weiterentwicklung des Ansatzes durch Hicks und Allen selbst[98] und die ausführliche Diskussion geändert, die der Ansatz vor allem in den fünfziger Jahren erfahren hat[99].

---

95) Vgl. Hicks-Allen, Reconsideration, S. 131.
96) Vgl. Hicks-Allen, Reconsideration, S. 133.
97) Vgl. Hicks-Allen, Reconsideration, S. 133.
98) Vgl. Vor allem Hicks, Value and Capital, Kap.III; R/oy/ G/eorge/ D/ouglas/ Allen, The Substitution Effect in Value Theory. In: EJ, Vol. LX (1950), S. 675 - 685; J/ohn/ R/ichard/ Hicks, A Revision of Demand Theory. Oxford. First Published 1956. Reprinted 1959; R/oy/ G/eorge/ D/ouglas/ Allen, E.J. Mishan, Substitution Terms; A Comment. In: Economica, N.S., Vol. XXXIV (1967), S. 431 f.; John /Richard/ Hicks, Elasticity of Substitution Again: Substitutes and Complements. In: OEP, N.S., Vol. 22 (1970), S. 289 - 296.
99) Vgl. Samuelson, Foundations, S. 184; S/hinichi/ Ichimura, A Critical Note on the Definition of Related Goods. In: The Review of Economic Studies. Vol. XVIII (1950/1951), S. 179 - 183; J/ohn/ R/ichard/ Hicks, A Comment on Mr. Ichimura's Definition. In: The Review of Economic Studies, Vol. XVIII (1950/1951), S. 184 - 187; Robert L. Basmann, A Note on Mr. Ichimura's Definition of Related Goods. In: The Review of Economic Studies, Vol. XXII (1954/1955), S. 67 - 69; Michio Morishima, A Note on Definitions of Related Goods. In: The Review of Economic Studies, Vol. XXIII (1955/1956), S. 132 - 134; ders., The Problem of Intrinsic Complementarity and Separability of Goods. In: Metroeconomica, Vol. XI (1959), S. 188 - 202;

2. Die Möglichkeit, einen Hicks-Allen-Indikator abzuleiten

Ein für den Unternehmer anwendbarer Hicks-Allen-Indikator müßte der Komplementaritätselastizität wenigstens in formaler Hinsicht gleichen. Sonst würde der Kern des Hicks-Allen-Konzepts aufgegeben. Ob es möglich sein wird, einen Hicks-Allen-Indikator zu entwickeln, hängt demnach davon ab, inwieweit es dem Unternehmer gelingt, die Komplementaritätselastizität zu bestimmen. Wir sehen zwei Wege, um die Komplementaritätselastizität zu ermitteln: den direkten Weg und die Ableitung der Komplementaritätselastizität aus Größen der Substitutionselastizität. Beides soll nacheinander diskutiert werden.

Als erstes nehmen wir vereinfachend an, es gelte die Komplementaritätselastizität nur für einen einzelnen Haushalt zu bestimmen. Probleme der Aggregation mehrerer Haushalts-Indifferenzfunktionen bleiben damit ausgeklammert. Wir unterstellen weiterhin, die Indifferenzfunktion des einzelnen Haushalts sei gegeben. Damit sind auch die Probleme ausgeschlossen, die mit der Erforschung eines Indifferenzkurvensystems auftreten[100]. Wir setzen diese Prämissen, weil der u.E. stärkste Einwand gegen den direkten Weg aus der Grenzrate der Substitution des Gutes i in Bezug auf das

---

A.P. Lerner, The Analysis of Demand. In: AER, Vol. LII (1962), S. 783 - 797; D. Schneider, Preis-Absatz-Funktion, S. 620.

100) Siehe insbes. L/ouis/ L/eon/ Thurstone, The Indifference Function. In: Journal of Social Psychology, Vol. II (1931), S. 139 - 167; W. Allen Wallis, Milton Friedman, The Empirical Derivation of Indifference Functions. In: Studies in Mathematical Economics and Econometrics. In Memory of Henry Schultz, hrsg. von Oscar Lange, Francis McIntyre, Theodore O. Yntema. Chicago (Ill.) 1942, S. 175 - 189; Henderson-Quandt, S. 34 - 36; Nachtkamp, § 10. Siehe auch die Übersicht über die einem Indifferenzkurvensystem zugrunde liegenden Bedingungen bei Hans Hermann Weber, Grundlagen einer quantitativen Theorie des Handels. Köln und Opladen 1966, S. 12f. Zur Kritik an der Idee der empirischen Ableitung von Indifferenzfunktionen siehe insbes. Werner Hofmann, Wert- und Preislehre. Berlin 1964, S. 193-197.

Gut k erwächst. Sie muß unbedingt bekannt werden, wenn man die Komplementaritätselastizität erfahren will. Kann die Grenzrate der Substitution nicht in Erfahrung gebracht werden, reicht schon diese Tatsache aus, um dem Unternehmer die direkte Bestimmung der Komplementaritätselastizität zu versperren.

Unser Argument stützt sich darauf, daß es in einer betriebswirtschaftlichen Untersuchung nötig ist, das dritte Gut k als ein "background commodity" zu interpretieren. Es hat dann nach Hicks' Auffassung dieselbe Rolle zu spielen wie das Geld in Marshalls Konsumtheorie[101]. Das Gut k ist also zu verstehen als die Gesamtheit aller Güter außer den Gütern i und j, soweit sie von dem betrachteten Haushalt nachgefragt werden. Bei dieser Interpretation hätte das Individuum bei der Bestimmung der Grenzrate der Substitution des Gutes i in Bezug auf das Gut k anzugeben, in welchem Maße die mengenmäßige Nachfrage nach dem Gut i zunehmen muß, um den Nutzenentgang bei Verminderung der Menge x_k um eine (marginale) Einheit aufzuwiegen. Wir sehen nicht, wie diese Größe jemals mit empirischem Inhalt ausgefüllt werden könnte.

Der zweite Weg, zur Komplementaritätselastizität zu gelangen, beruht auf der Erkenntnis von Hicks und Allen, daß "Substitutionselastizitäten ... in Größen der Komplementaritätselastizität"[102] geschrieben werden können und umgekehrt. Es ist also - wenigstens theoretisch - möglich, die Komplementaritätselastizität aus Substitutionselastizitäten zu berechnen. Von diesem Weg könnte man sich mehr Erfolg als vom direkten Weg versprechen, weil die Literatur Formen der Substitutionselastizität nennt, die ohne Kenntnis des Indifferenzkurvensystems zu bestimmen sind: Selbst

---

101) Vgl. Hicks, Revision, S. 150 f.
102) Hicks-Allen, Reconsideration, S. 153, 132.

im Drei-Güter-Fall reicht entweder die Kenntnis der Mengen- und Preis-Verhältnisse der Güter i und j oder die Kenntnis der direkten Preiselastizität und der Kreuz-Preis-Elastizität dieser Güter aus[103].

Ob der zweite Weg für den Unternehmer realisierbar ist, wird am besten zu erkennen sein, wenn wir die Gleichung nennen, nach der eine bestimmte Komplementaritätselastizität mit Hilfe von Substitutionselastizitäten zu berechnen ist. Die Komplementaritätselastizität von j mit i gegenüber k, ausgedrückt durch σ_{ij}, ergibt sich aus der Gleichung[104]

$$\sigma_{ij} = \frac{1}{2}\,\sigma \left\{ \frac{1}{\sigma_{ij}} \left(\frac{\kappa_k}{\kappa_i} + \frac{\kappa_k}{\kappa_j} \right) - \frac{1}{\sigma_{jk}} \frac{1-\kappa_i}{\kappa_j} - \frac{1}{\sigma_{ik}} \frac{1-\kappa_j}{\kappa_i} \right\}.$$

Es ist nicht erforderlich, sämtliche Glieder der Gleichung zu erklären. Es genügt, die Tatsache zu beachten, daß in der Gleichung z.B. $\frac{\sigma}{\sigma_{jk}}$ auftritt, eine Größe, welche die Substitutionselastizität zwischen dem Gut i und dem Güterpaar j, k symbolisiert. Damit ist aber wiederum Bezug zu nehmen auf das Gut k, und es müssen auf alle Fälle Veränderungen der Menge x_k bekannt werden, die wir für empirisch nicht faßbar halten. Das oben angeführte Argument gegen die direkte Bestimmung der Komplementaritätselastizität gilt also in analoger Form auch bei dem Versuch, die Komplementaritätselastizität auf dem Umweg über Substitutionselastizitäten zu ermitteln.

Beide Wege, die Komplementaritätselastizität zu bestimmen, sind demnach u.E. dem Unternehmer versperrt. Deshalb scheint uns ein für den Unternehmer praktikabler Hicks-Allen-Indikator aus dem Konzept nicht ableitbar zu sein. Allerdings gilt diese Aussage nur

---

103) Vgl. Morrissett, S. 54 f.

104) Vgl. Hicks-Allen, Reconsideration, S. 153 (die Symbole wurden geändert).

unter einer Einschränkung: Man könnte prüfen, ob nicht schon die Substitutionselastizität selbst einen Verwandtschaftsindikator abgibt. Doch wir halten es für angebracht, diese Überlegung in Verbindung mit Triffins Kreuzelastizität anzustellen, weil die Substitutionselastizität einen engen Bezug zur Kreuzelastizität aufweist. Falls es also möglich ist, schon die Substitutionselastizität als Verwandtschaftsindikator zu verwenden, wird der Indikator besser mit Triffins Namen als mit den Namen von Hicks und Allen in Verbindung gebracht.

d) Die Möglichkeit, aus Interpretationen der Nachfragefunktion $x_i = x_i(p_i)$ Verwandtschaftsindikatoren abzuleiten

Interpretation der Nachfragefunktion $x_i = x_i(p_i)$ heißt Gestaltung eines widerspruchsfreien Systems von Annahmen, unter denen diese Beziehung zwischen Menge und Preis gelten kann. Wir müssen uns mit Interpretationen der Nachfragefunktion befassen, weil auch hierbei die eventuelle Nachfrageverwandtschaft zwischen dem Gut i und anderen Gütern zu beachten ist. Vielleicht lassen sich aus Interpretationen der Nachfragefunktionen weitere Verwandtschaftsindikatoren ableiten.

Wir werden uns mit den vier getrennten Versuchen der Interpretation der Nachfragefunktion beschäftigen, die in der Literatur zu finden sind, den Versuchen von Marshall (Friedman), Cassel, Pigou und Hicks-Allen.

1. Marshalls Interpretation der Nachfragefunktion in der Auslegung durch Friedman

Marshalls Interpretation der Nachfragefunktion ist mehrfach ausgelegt worden[105]. Eine Auslegung erwies sich als nötig, weil Marshall an verschiedenen Stellen seiner "Principles" verschiedene Interpretationen verwendet hat[106]. Eine der Auslegungen, nämlich die Friedmans[107], nimmt ausdrücklich Bezug auf nachfrageverwandte Güter. Deshalb behandeln wir Marshalls Interpretation in der Auslegung durch Friedman.

Im Mittelpunkt der Marshallschen Interpretation steht die Frage, von welchen "anderen Dingen" (andere als Preis und Menge des Gutes i) angenommen wird, sie blieben trotz einer Preisänderung dp_i konstant. Friedman[108] erklärt, nach Geist und Buchstaben der Ausführungen Marshalls müßten als unverändert angenommen werden:

(a) die Präferenzen der betrachteten Nachfragergruppe,
(b) ihr Realeinkommen,
(c) der Preis jedes eng verwandten Gutes.

In der Konstanzbedingung (c) besteht ein unmittelbarer Bezug zum Verwandtschaftsproblem. Ein zweiter, mittelbarer Bezug wird hergestellt, wenn Friedman Situationen beschreibt, unter denen die Annahme konstanten Realeinkommens (b) zu rechtfertigen ist, und dabei die Kategorien "nicht verwandte Güter" und "weniger eng verwandte Güter" nennt[109]. An sich wäre

105) Vgl. insbes. Milton Friedman, The Marshallian Demand Curve. In: JPE, Vol. LVII (1949), S. 463 - 495; Stigler, Development, S. 388 - 390; R.F.G. Alford, Marshall's Demand Curve. In: Economica, N.S., Vol. XXIII (1956), S. 23 - 48.
106) Vgl. Friedman, The Marshallian Demand Curve, S.465. D. Schneider, Preis-Absatz-Funktion, S. 608.
107) Vgl. Friedman, The Marshallian Demand Curve.
108) Vgl. Friedman, The Marshallian Demand Curve, S.465.
109) Vgl. Friedman, The Marshallian Demand Curve, S.465f.

es bei beiden Bezügen nötig gewesen, das Abgrenzungskriterium zu beschreiben, nach dem die für die Ableitung der Nachfragefunktion wichtige Unterscheidung zwischen nicht, weniger eng und eng verwandten Gütern erfolgen soll. Doch Friedman beschränkt sich darauf, die drei Kategorien nur zu nennen. Das Abgrenzungskriterium gilt implizite als gegeben. Daran hat auch die Diskussion nichts geändert, die auf Friedmans Aufsatz in der Literatur folgte [110].

Wir stellen darum fest, daß sich aus Friedmans Auslegung der Marshallschen Interpretation der Nachfragefunktion kein Verwandtschaftsindikator ableiten läßt.

2. Cassels Interpretation der Nachfragefunktion

Cassel geht bei der Interpretation der Nachfragefunktion von einem für die betrachtete Periode gegebenen Budget und gegebenen Gleichgewichtspreisen aller Güter aus[111]. Wird der Preis des Gutes i variiert, sei feststellbar, wieviel bei alternativen Preisen p_i nachgefragt werde, und man erfahre auf diese Weise die Menge als Funktion des Preises, als Nachfragefunktion[112]. Da Cassel zugleich erklärt, die so abgeleitete Nachfragefunktion enthalte "auch die Preise aller übrigen Güter als Variable"[113], setzt er offenbar voraus, daß die Periode erst endet, nachdem die Anbieter der anderen Güter ihre Preise dem durch dp_i gestörten Gleichgewicht anpassen konnten.

110) Vgl. Martin J. Bailey, The Marshallian Demand Curve, In: JPE, Vol. LXII (1954), S. 255 - 261; Milton Friedman, A Reply. In: JPE, Vol. LXII(1954), S. 261 - 266; Leland B. Yeager, Methodenstreit over Demand Curves. In: JPE,Vol. LXVIII (1960), S. 53 - 64.
111) Vgl. Gustav Cassel, Theoretische Sozialökonomie. Vierte, verbesserte u. wesentlich erw. Aufl., Leipzig 1927, S. 118.
112) Vgl. Cassel, Sozialökonomie, S. 118.
113) Cassel, Sozialökonomie, S. 118.

Erst die am Periodenende nachgefragte Menge x_i soll demnach einem bestimmten Preis $(p_i + dp_i)$ in der Nachfragefunktion zugeordnet werden.

Wie der Prozeß zur Gewinnung eines neuen Marktgleichgewichts abläuft - und damit auch, welche Beziehungen zwischen dem Gut i und den übrigen Gütern herrschen -, hat Cassel nicht erörtert. Wir sehen deshalb keine Möglichkeit, aus Cassels Interpretation der Nachfragefunktion einen Verwandtschaftsindikator abzuleiten.

3. Pigous Interpretation der Nachfragefunktion

Pigou versteht die Nachfragefunktion als "the quantities of a commodity that a market will buy during a short interval, say a year, in response to different average prices proper to the interval."[114] Dabei setzt er nicht die Preise der übrigen Güter konstant, sondern unterstellt, daß die Produktionsbedingungen[115] ("conditions of supply") gleich bleiben[116]. Warum diese Konstanzbedingung gesetzt wird, ist weder bei Pigou noch bei Joan Robinson erklärt, die Pigous Interpretation der Nachfragefunktion übernommen hat[117]. Wir vermuten, daß Pigou Preisänderungen bei den anderen Gütern ausschließen wollte, die ihre Ursache nicht in Preisänderungen für das betrachtete Gut haben.

114) A/rthur/ C/ecil/ Pigou, The Statistical Derivation of Demand Curves. In: EJ, Vol. XL (1930), S. 384-400, hier S. 384. Der Aufsatz ist wieder abgedruckt in: A/rthur/ C/ecil/ Pigou, Dennis H. Robertson, Economic Essays and Addresses. London 1931, S. 62 - 83.

115) "Conditions of supply" mit "Angebotsbedingungen" zu übersetzen, würde vermutlich zu Irrtümern führen. Bei Marshall sind die "chief conditions on which supply generally depends" aufgezählt (Alfred Marshall, Principles of Economics. Vol. I. Second Ed. London, New York 1891, S. 195). Daraus läßt sich schließen, daß "Produktionsbedingungen" den Sinn besser trifft. Die Grenzkosten dürfen aber in den Begriff nicht eingeschlossen sein.

116) Vgl. Pigou, Statistical Derivation, S. 385.

117) Vgl. Joan Robinson, The Economics of Imperfect Competition. London 1948 (First Edition 1933), S. 20.

Eine solche Form der Ableitung der Nachfragefunktion entspricht durchaus praktischem Denken: Wartet man nach einer Preisänderung für das Gut i ab, bis alle Wirkungen und alle Reaktionen der Mitanbieter eingetreten sind, und stellt man fest, wie groß die nachgefragte Menge dann ist, hat man den ersten Punkt einer Nachfragekurve gewonnen. Vorausgesetzt, auf die Nachfragemenge hat tatsächlich keine weitere Ursache außer der Preisänderung für das Gut i eingewirkt, kann man im Wiederholungsfall unter gleichen Umständen mit der gleichen Nachfragemenge rechnen.

Pigou hat mit seiner Interpretation der Nachfragefunktion alle Beziehungen des Gutes i zu nachfrageverwandten Gütern berücksichtigt. Aber die Wirkungen der Preisänderung dp_i auf nachfrageverwandte Güter und die daraus resultierenden Rückwirkungen werden nicht ausdrücklich zur Kenntnis genommen, sondern zugleich mit der Nachfragemenge x_i am Periodenende implizite erfaßt. Da die Beziehungen des Gutes i zu nachfrageverwandten Gütern nicht aufgezeigt werden, ist aus Pigous Interpretation der Nachfragefunktion kein Verwandtschaftsindikator abzuleiten.

4. Hicks' und Allens Interpretation der Nachfragefunktion

Hicks' und Allens Interpretation der Nachfragefunktion entspricht im wesentlichen der Interpretation Paretos. Der einzige Unterschied zwischen beiden Interpretationen besteht darin, daß bei Pareto das Indifferenzkurvensystem als aus einer Nutzenindikator-Funktion abgeleitet gilt, während Hicks und Allen annehmen, das Indifferenzkurvensystem sei mit Hilfe der Grenzrate der Substitution abgeleitet worden[118].
Nach Hicks und Allen erfordert die Ableitung der

---

118) Vgl. Hicks-Allen, Reconsideration, S. 119 f.

Nachfragefunktion also keine (ordinale) Nutzenmessung, und das bedeutet gegenüber Pareto einen Fortschritt. Wir stellen deshalb die Ableitung der Nachfragefunktion kurz in der Weise dar, wie sie von Hicks und Allen beschrieben wird[119].

Als wir versuchten, einen Hicks-Allen-Indikator der Nachfrageverwandtschaft zu entwickeln, haben wir bereits festgestellt, daß der rational handelnde Haushalt bei gegebenem Budget, gegebenem Indifferenzkurvensystem und gegebenen Preisen der Güter i und j jene Mengenkombination nachfragt, die durch einen Tangentialpunkt der Budgetgeraden mit einer Indifferenzkurve gekennzeichnet ist[120]. Ferner wurde bereits festgestellt, daß sich z.B. bei einer Preissenkung für das Gut i ein neuer Verlauf der Budgetgeraden ergibt und dies zu einem Tangentialpunkt mit einer anderen Indifferenzkurve führt (einer Indifferenzkurve mit höherem Nutzenindex).

Dieser Zusammenhang erlaubt Hicks und Allen, die Nachfragefunktion $x_i = x_i(p_i)$ im Zwei-Güter-Fall abzuleiten (Analoges gilt für den Mehr-Güter-Fall): Bei jedem Preis p_i ergibt sich eine bestimmte Menge x_i. Demnach braucht man nach Hicks und Allen nur den Preis p_i zu variieren und anhand der Berührungspunkte der Budgetgeraden mit Indifferenzkurven abzulesen, welche Menge x_i einem Preis p_i zugehört, und die Nachfragefunktion steht fest[121].

Nach Hicks und Allen wird also die Nachfragefunktion unter der Annahme konstanter Preise aller Güter außer dem Preis p_i abgeleitet. Eine Unterscheidung zwischen nachfrageverwandten und nicht nachfrageverwandten Gütern ist somit bei der Ableitung der Nachfragefunktion

119) Vgl. Hicks-Allen, Reconsideration, S. 126 - 129.
120) Vgl. Hicks-Allen, Reconsideration, S. 123 f. Siehe auch S. 79 f. dieser Arbeit.
121) Vgl. Hicks-Allen, Reconsideration, S. 126.

nach Hicks und Allen nicht erforderlich und auch nicht vorgesehen. Folglich können wir auch aus dieser Interpretation der Nachfragefunktion keinen Verwandtschaftsindikator entwickeln.

III Die Eignung von Aussagen zur Nachfrageverwandtschaft unter Einbeziehung aller Absatzinstrumente

a) Von Stackelbergs Aussagen zur Nachfrageverwandtschaft

Von Stackelberg hat sich an mehreren Stellen seines Gesamtwerks auf das Verwandtschaftsproblem bezogen. Aber nicht immer findet sich ein Hinweis auf das Verwandtschaftskriterium oder den verwendeten Verwandtschaftsindikator.Keinen Hinweis enthalten sein Aufsatz zur "Theorie der Vertriebspolitik und der Qualitätsvariation"[122] und die Ableitung seiner Dyopollösung[123]. Im mathematischen Anhang zu "Marktform und Gleichgewicht" verwendet von Stackelberg den Verwandtschaftsindikator $\frac{\partial^2 Z}{\partial x_i \, \partial x_j}$[124], also die zweite gemischte Ableitung einer Nutzenindikator-Funktion. Aber auch daraus ergibt sich für uns keine neue Erkenntnis. Wir wissen bereits, daß diese Form eines Verwandtschaftsindikators nur unter der wirklichkeitsfremden Annahme kardinal meßbaren Nutzens Eindeutigkeit besitzt[125].

---

122) Vgl. Heinrich von Stackelberg, Theorie der Vertriebspolitik und der Qualitätsvariation. In: Schmollers Jahrbuch für Gesetzgebung, Verwaltung und Volkswirtschaft im Deutschen Reiche, Bd. 63 (1939), H. 1, S. 43 - 85. Wieder abgedruckt in: Preistheorie, hrsg. von Alfred Eugen Ott. Köln, Berlin 1965, S. 280 - 319.

123) Vgl. v. Stackelberg, Grundlagen, S. 210 - 218. Siehe auch die ausgezeichnete Darstellung bei Ott, Grundzüge, S. 213 f., 225 - 227.

124) Vgl. Heinrich von Stackelberg, Marktform und Gleichgewicht. Wien, Berlin 1934, S. 118 f. Wir haben die Symbole geändert.

125) Siehe S. 50 f.

Die einzige Aussage von Stackelbergs, von der man - wenigstens auf den ersten Blick - erwarten darf, daß sie uns weiterhilft, fanden wir in seinem Versuch zur Abgrenzung von Marktformen.

Bei der Abgrenzung von Marktformen ist unter anderem zu klären, "wie eine Gruppe von Anbietern ... so von allen anderen Anbietern ... isoliert werden kann, daß von diesen Anbietern ... keinerlei Einflüsse auf die Preisbildung innerhalb der Gruppe ausgehen können"[126]. Offensichtlich hat eine Lösung dieses Problems auch für die Bestimmung der Nachfrageverwandtschaft Bedeutung. Wenn man ein Kriterium besitzt, um Anbieter zu isolieren, die für die Preise einer Gruppe anderer Anbieter keine Bedeutung haben, kann man dieses Kriterium auch auf einzelne Güter anwenden.

Von Stackelberg sucht das Problem zu lösen, indem er einen unvollkommenen Markt gedanklich in Elementarmärkte zerlegt. Er schreibt:"Der Zigarettenmarkt ist zwar ein unvollkommener Markt. Aber der Absatz der Zigarettengeschäfte am Potsdamer Platz in der Zigarettenmarke 'Atikah' ist (möglicherweise) ein vollkommener Markt. Allgemein kann man sagen, daß der Absatz einer bestimmten Firma in einem gleichartigen Gut an einem bestimmten Ort und Zeitpunkt stets einen vollkommenen Markt darstellt. Wenn wir die Aufteilung des unvollkommenen Marktes gerade nur so weit vornehmen, wie es notwendig ist, um vollkommene Teilmärkte zu erhalten, so gelangen wir zu den größten vollkommenen Teilmärkten eines unvollkommenen Gesamtmarktes"[127]. Einen solchen "größten vollkommenen Teilmarkt" bezeichnet von Stackelberg als "Elementarmarkt"[128].

---

126) Alfred E/ugen/ Ott, Marktform und Verhaltensweise. Stuttgart 1959, S. 31.
127) v. Stackelberg, Grundlagen, S. 221.
128) Vgl. v. Stackelberg, Grundlagen, S. 221.

Von Stackelberg braucht noch ein zweites Instrument, um die Formen des unvollkommenen Marktes zu definieren. Dieses analytische Instrument findet er in den Beziehungen, die zwischen den Elementarmärkten herrschen. "Sind Wirtschaftsindividuen, die auf einem Markte A auftreten, zugleich ganz oder teilweise an einem anderen Markt B beteiligt"[129], gibt es fünf Typen dieser Konstellation, einer "Beziehung erster Ordnung". Drei dieser Typen beziehen sich auf dieselbe Wirtschaftsstufe (nicht vor- und nachgelagerte Wirtschaftstufen). Wir haben bislang schon - wie oben[130] begründet - darauf verzichtet, das Verwandtschaftsproblem über mehrere Wirtschaftsstufen hinweg zu verfolgen. Deshalb befassen wir uns auch hier nur mit den Beziehungen erster Ordnung, die auf einer einzigen Wirtschaftsstufe auftreten. Von Stackelberg unterscheidet in diesem Fall[131]:

1. die Nachfragebeziehung (nur die Nachfrager beteiligen sich an verschiedenen Elementarmärkten zugleich),

2. die Angebotsbeziehung (nur die Anbieter beteiligen sich an verschiedenen Elementarmärkten zugleich),

3. die horizontale Doppelbeziehung (sowohl die Anbieter als auch die Nachfrager beteiligen sich an mehreren Elementarmärkten zugleich).

Wir können uns im folgenden exemplarisch auf die Nachfragebeziehung konzentrieren; denn schon dieser Typ erlaubt, von Stackelbergs Aussagen zur Nachfrageverwandtschaft darzustellen. Bei der Nachfragebeziehung hat der Nachfrager die Möglichkeit, auf dem Elementarmarkt A oder B (oder C usw.) zu kaufen.

---

129) <u>v. Stackelberg</u>, Marktform, S. 29
130) Siehe S. 32.
131) Vgl. <u>v. Stackelberg</u>, Marktform, S. 30. Siehe auch <u>Ott</u>, Grundzüge,S. 47.

Die Nachfragebeziehung läßt sich wie folgt verdeutlichen (Abb. 10)[132]:

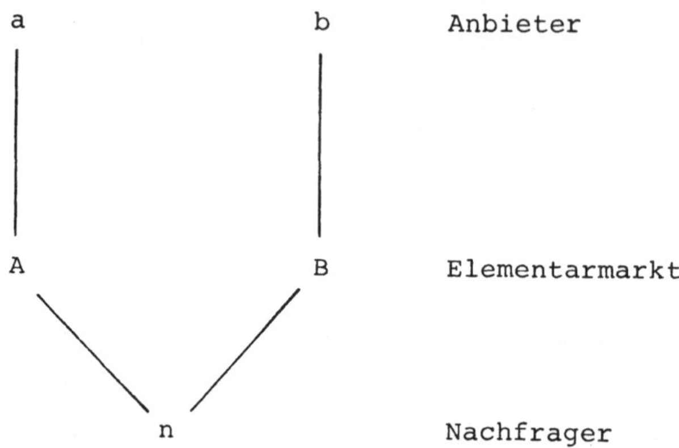

Abb. 10: Nachfragebeziehung im Sinne von v. Stackelberg

Die Nachfragebeziehung kann substitutiv (gegenläufig) oder komplementär (gleichläufig) sein [133]. Eine substitutive Nachfragebeziehung liegt vor, wenn auf dem Elementarmarkt A nach einer Preisänderung dp_A die Menge x_A steigt (sinkt), während auf dem Elementarmarkt B die Menge x_B sinkt (steigt). Von einer komplementären Nachfragebeziehung spricht von Stackelberg, wenn sich die Mengenänderungen in derselben Richtung bewegen.

Als Verwandtschaftsindikator wird hier also der Ausdruck $\frac{\partial x_A}{\partial p_B}$ verwendet[134], gestützt auf die gewöhnlich anzutreffende Beziehung $\frac{\partial x_A}{\partial p_A} < 0$ und die bei Nachfrageverwandtschaft zu erwartende Beziehung $\frac{\partial x_A}{\partial x_B} \neq 0$ [135].

132) Ähnlich Ott, Grundzüge, S. 48.
133) Vgl. v. Stackelberg, Grundlagen, S. 241.
134) Ott beschreibt allerdings die Stackelbergsche Definition mit Hilfe der Kreuzelastizität. Vgl. Ott, Marktform, S. 26 f.
135) Siehe S. 55, 61.

Analoges gilt für den Ausdruck $\frac{\partial x_B}{\partial p_A}$. Dieser Verwandtschaftsindikator ist uns bereits als Schultz-Indikator bekannt[136], und wir müssen somit feststellen, daß auch von Stackelbergs Aussagen zur Nachfrageverwandtschaft nicht erlauben, einen neuen Verwandtschaftsindikator abzuleiten.

b) Aussagen zur Nachfrageverwandtschaft auf der Grundlage der Kreuzelastizität (Triffin und andere)

1. Darstellung der Aussagen in der Literatur zur Kreuzelastizität

(aa) Triffins Aussagen

Wir haben schon darauf hingewiesen, daß aus der Diskussion um Marktformen möglicherweise Verwandtschaftsindikatoren abgeleitet werden können. So dürfen im Kreis der Arbeiten, die vielleicht etwas zur Lösung unseres Problems beitragen können, Triffins Aussagen zur Marktform nicht fehlen; denn Triffins Versuch, Marktformen zu bestimmen, stellt einen eigenständigen Ansatz dar. Triffin verwendet ein rein quantitatives Unterscheidungskriterium: die Kreuzelastizität[137]. Die Formel der Kreuzpreiselastizität lautet:

$$E_{ij} = \frac{\partial x_i}{x_i} : \frac{\partial p_j}{p_j} = \frac{\partial \log x_i}{\partial \log p_j} \quad {}^{138)}.$$

Triffin erfaßt also mit der Kreuzelastizität die (relative) Mengenänderung beim Gut i, die mit einer Preisänderung beim Gut j ausgelöst wird. Dabei gilt der Preis des Gutes i als konstant[139]. Wir meinen jedoch, daß diese Konstanzannahme nicht zwingend ist. Definiert man stattdessen ∂p_j als eine autonome Preis-

136) Siehe S. 62.
137) Vgl. Triffin, Monopolistic Competition, S. 100 - 103.
138) Vgl. Triffin, Monopolistic Competition, S. 103.
139) Vgl. Triffin, Monopolistic Competition, S. 103, 113 f.

änderung beim Gut j und erlaubt, daß sich auch der Preis des Gutes i als Folge der Preisänderung beim Gut j ändert (und möglicherweise auch noch mehrere Male p_j), gelingt es, mit der Kreuzelastizität zugleich alle Reaktionen auf die "Initialaktion"[140] einzufangen und dadurch den Quotienten aussagefähiger zu machen - vorausgesetzt, die Kreuzelastizität wird nur genügend lange Zeit (nach Abschluß sämtlicher Reaktionen) nach dem die Veränderung auslösenden Ereignis gemessen. Auch Arndt vertritt wohl diese Ansicht, wenn er das Elastizitätskonzept stets auf Gleichgewichtslagen abstellt[141]. In der Bemessung dieser Zeitspanne liegt freilich ein schwieriges praktisches Problem. Denn welcher Indikator könnte signalisieren, wann ein Reaktionsprozeß beginnt und wann er endet? Wie kann festgestellt werden, ob ein bestimmter Reaktionsprozeß durch eine neue "Initialaktion"(z.B. eine Steueränderung, das Auftreten eines neuen Mitanbieters u.ä.) abbricht oder eine qualitative Veränderung erfährt? Wir wollen jedoch an dieser Stelle dem Zeitmoment keine weitere Beachtung schenken, sondern dem Problem erst im Kapitel D[142] nachgehen und hier lediglich unterstellen, die "richtige" Periodenlänge sei bekannt. Für das Weitere wird also angenommen, daß die Kreuzelastizität sämtliche Reaktionen einschließt.

Wichtig ist für uns Triffins ausdrücklicher Hinweis, daß er seine Untersuchung zwar mit Hilfe der Kreuzpreiselastizität vornimmt, daß aber die Kreuzpreiselastizität unbedingt ergänzt werden sollte durch zusätzliche Kreuzelastizitätsquotienten, "based on other strategic factors in business competition"[143],

140) Gümbel, Sortimentspolitik, S. 252.
141) Vgl. Arndt, Mikroökonomische Theorie, 1. Bd., S. 96 f.
142) Siehe S.178 - 183.
143) Triffin, Monopolistic Competition, S. 98, Fußnote 1.

also durch Kreuzelastizitätsquotienten, beruhend auf dem Einsatz der anderen absatzpolitischen Instrumente.

Man muß immer damit rechnen, daß Reaktionen eines kleinen Anbieters auf absatzpolitische Maßnahmen eines großen Mitanbieters den Absatz des großen nicht oder nur unmerklich beeinflussen, während die Maßnahmen des großen Anbieters den kleinen in starkem Maße treffen[144]. Deshalb ist es nötig, wie auch aus Triffins Ausführungen hervorgeht[145], sowohl den Kreuzelastizitätsquotienten $E_{ij} = \frac{\partial \log x_i}{\partial \log p_j}$ als auch den "rückbezüglichen" Kreuzelastizitätsquotienten E_{ji}, z.B. in der Form $\frac{\partial \log x_j}{\partial \log p_i}$, zu bestimmen.

Wer also die Beziehungen zwischen zwei Gütern vollständig erfassen will, braucht einen ganzen Satz von Kreuzelastizitätsquotienten. Es sind doppelt soviel nötig, wie es Aktionsparameter für die beiden Anbieter gibt.

Die Form der Kreuzelastizität, die wir eben dargestellt haben, wollen wir im Weiteren die einfache Kreuzelastizität, den Quotienten, z.B. $E_{ij} = \frac{\partial \log x_i}{\partial \log p_j}$, den Quotienten der einfachen Kreuzpreiselastizität nennen.

144) Siehe auch S. 64 f.
145) Vgl. Triffin, Monopolistic Competition, S. 138 in Verbindung mit S. 104.

(bb) Modifikationen der einfachen Kreuzpreiselastizität

(11) Der Ersatz von Mengenänderungen durch Mengenverhältnis-Änderungen

Der Quotient der einfachen Kreuzpreiselastizität kann modifiziert werden, indem man nicht die bloße Änderung in der Menge z.B. des Gutes i, sondern die Änderung im Verhältnis der Mengen x_i und x_j verwendet - und dementsprechend auch Änderungen im Preisverhältnis. Die Kreuzpreiselastizität nimmt dann folgenden Ausdruck an[146]:

$$E_{x_i/x_j;p_j/p_i} = \frac{\partial\left(\frac{x_i}{x_j}\right)}{\frac{x_i}{x_j}} : \frac{\partial\left(\frac{p_j}{p_i}\right)}{\frac{p_j}{p_i}} = \frac{\partial \log\left(\frac{x_i}{x_j}\right)}{\partial \log\left(\frac{p_j}{p_i}\right)}$$

Wir wollen diesen Ausdruck den Quotienten der relativen Kreuzpreiselastizität nennen.

Wie beim Quotienten der einfachen Kreuzelastizität E_{ij} (oder E_{ji}) können auch beim Quotienten der relativen Kreuzelastizität statt der Preise andere Aktionsparameter verwendet werden. Doch um der einfacheren Darstellungsweise willen argumentieren wir im Weiteren mit jener Form der Kreuzelastizität, die aus Mengenverhältnissen und <u>Preis</u>verhältnissen gebildet wird.

Der erste Vorteil der Verwendung von Mengen<u>verhältnissen</u> und Preis<u>verhältnissen</u> besteht darin, daß nicht mehr wie bei der einfachen Kreuzelastizität vorausgesetzt zu werden braucht, die Änderung der Absatzmenge x_i werde allein durch eine (autonome) Preis-

146) Vgl. <u>Hüttner</u>, S. 170. Die Symbole wurden geändert.

änderung für das Gut j verursacht. Nun können bei Verwendung der relativen Kreuzelastizität auch andere Einflüsse auftreten, ohne daß die Aussagefähigkeit der Kreuzelastizität darunter leidet. Es muß nur gewährleistet sein, daß die Güter i und j den Einflüssen in gleicher Weise unterliegen. Brems[147)], zum Beispiel, hat versucht, durch die Verwendung von Mengenverhältnissen und Preisverhältnissen die Konjunkturabhängigkeit von Zeitreihen zu eliminieren.

Der zweite Vorteil liegt darin, daß nun auch die im vorigen Abschnitt[148)] genannte Problematik der Abgrenzung einer Reaktionsperiode weitgehend entfällt: Die Modifikation von der einfachen zur relativen Kreuzpreiselastizität bedeutet, formal gesehen, nichts weiter als eine zusätzliche Relativierung der Mengenänderungen ∂x_i und der Preisänderungen ∂p_j. Deshalb kommen nicht abgeschlossene Reaktionsperioden[149)] nicht mehr so stark zum Tragen wie bei der einfachen Kreuzelastizität. Die Aussagefähigkeit der Kreuzelastizität bleibt hinreichend gewahrt, wenn man die Änderung des Mengenverhältnisses und des Preisverhältnisses in einem größeren Zeitraum (vielleicht die Änderung im Laufe eines Jahres) erfaßt und die beiden Änderungen zueinander in Beziehung setzt.

(22) Die Modifikation der relativen Kreuzpreiselastizität zur Substitutionselastizität

(aaa) Darstellung des Umwandlungsprozesses

Mit der relativen Kreuzpreiselastizität soll erfaßt werden, wie sich das Mengenverhältnis aufgrund einer Änderung im Preisverhältnis verschiebt. Für diese Aussage ist dabei nicht ausschlaggebend, ob p_j/p_i

147) Vgl. Brems, Product Equilibrium, S. 36 f.
148) Siehe S. 100.
149) Siehe S. 100.

der das reziproke Verhältnis p_i/p_j verwendet wird. Man darf deshalb vom Ausdruck

$$(1) \qquad E_{x_i/x_j;p_i/p_j} = \frac{\partial\left(\frac{x_i}{x_j}\right)}{\frac{x_i}{x_j}} : \frac{\partial\left(\frac{p_i}{p_j}\right)}{\frac{p_i}{p_j}}$$

im wesentlichen dieselbe Aussage erwarten wie vom Ausdruck $E_{x_i/x_j;p_j/p_i}$.

Von großer Bedeutung ist aber, daß der Ausdruck (1) der Substitutionselastizität entspricht, der wir bereits im Zusammenhang mit den Aussagen von Hicks und Allen zur Nachfrageverwandtschaft begegnet sind. Der Beweis ist rasch zu führen: Der Ausdruck (1) kann zunächst geschrieben werden als

$$(2) \qquad E_s = \frac{d \log \left(\frac{x_i}{x_j}\right)}{d \log \left(\frac{p_i}{p_j}\right)}.$$

Da im Haushaltsgleichgewicht die Grenzrate der Substitution des Gutes j in Bezug auf das Gut i, also $\frac{dx_j}{dx_i}$, dem Verhältnis der Güterpreise $\frac{p_i}{p_j}$ gleicht[150], kann (1) umgewandelt werden in

$$(3) \qquad E_s = \frac{d \log \left(\frac{x_i}{x_j}\right)}{d \log \left(\frac{dx_j}{dx_i}\right)},$$

und dieser Ausdruck wurde bereits als Definition der Substitutionselastizität eingeführt[151]. Man darf davon ausgehen, daß bei rationalem Verhalten der Konsumenten das Haushaltsgleichgewicht stets erfüllt ist. Deshalb ist es erlaubt, auch (1) oder (2) als Definition der Substitutionselastizität zwischen den Gütern i und j anzusehen.

---

150) Vgl. Hicks-Allen, Reconsideration, S. 120.
151) Siehe S. 82.

(bbb) Zur Eindeutigkeit des Ausdrucks der Substitutionselastizität

Inwieweit die Substitutionselastizität in der eben dargestellten Form (2) eindeutig bestimmbar ist, wurde eingehend von Morrissett untersucht[152]. Morrissett stellt fest, daß die Substitutionselastizität nur Eindeutigkeit besitzt, wenn mindestens drei Annahmen gelten[153]. Verschiedene Annahmen stehen zur Auswahl[154], unter denen uns die folgenden am leichtesten erfüllbar erscheinen:

(1) Das Geldeinkommen der betrachteten Nachfragergruppe bleibt konstant. Die Annahme ist zu rechtfertigen. Ohnehin muß statistisches Material zur Analyse der Nachfrageverwandtschaft von den Wirkungen etwaiger Geldeinkommensänderungen bereinigt werden[155].

(2) Der Preisindex aller Güter außer i und j (der Preisindex der in einem Gut k zusammengefaßten Güter) bleibt konstant. Das bedeutet, statistisches Material muß auch dieser Annahme entsprechend aufbereitet werden.

(3) Die Substitutionselastizität ist konstant. Die Annahme kann so interpretiert werden, daß die Substitutionselastizität keine Änderung erfährt, gleichgültig von welchem Punkt einer Indifferenzkurve ein Haushalt auch ausgeht. Morrissett schreibt dazu:"This assumption is one commonly used in the estimation of E_s; in fact, the making of this assumption is the only means which I have seen used in numerous efforts to measure E_s empirically..." [156]. Die Annahme erscheint plausibel.

152) Vgl. Morrissett, S. 50 - 52, 55.
153) Vgl. Morrissett, S. 51, 55.
154) Vgl. Morrissett, S. 51.
155) Siehe unseren Verweis auf Arndts diesbezügliche Ausführungen auf S. 70 - 72.
156) Morrissett, S. 51. Erster Halbsatz und "only" im Original kursiv.

Wegen der außerordentlich engen Beziehung zwischen der relativen Kreuzpreiselastizität und der Substitutionselastizität, die wir zu Beginn des Abschnitts (aaa)[157] festgestellt haben, darf man behaupten, daß auch die relative Kreuzpreiselastizität nur unter diesen - und die relative Kreuzelastizität allgemein unter analogen - Annahmen Eindeutigkeit besitzt.

(cc) Zusammenfassung

Unsere Untersuchung hat uns zu drei verschiedenen Formen der Kreuzelastizität geführt. Dabei erlauben wir uns, die Substitutionselastizität als eine Form der Kreuzelastizität zu bezeichnen. Wird davon ausgegangen, daß der Anbieter des Gutes j den Preis als Aktionsparameter verwendet, lassen sich die drei Formen durch folgende Quotienten charakterisieren:

(a) einfache Kreuzelastizität

$$E_{ij} = \frac{\partial \log x_i}{\partial \log p_j}$$

(b) relative Kreuzelastizität

$$E_{x_i/x_j;p_j/p_i} = \frac{\partial \log \left(\frac{x_i}{x_j}\right)}{\partial \log \left(\frac{p_j}{p_i}\right)}$$

(c) Substitutionselastizität

$$E_s = \frac{d \log \left(\frac{x_i}{x_j}\right)}{d \log \left(\frac{dx_j}{dx_i}\right)}$$

$$= \frac{d \log \left(\frac{x_i}{x_j}\right)}{d \log \left(\frac{p_i}{p_j}\right)}$$

157) Siehe S. 103 f.

2. Ableitung von Triffin-Indikatoren

Diese drei Formen (a), (b) und (c) können die Grundlage der Formulierung und Diskussion von Triffin-Indikatoren der Nachfrageverwandtschaft bilden. Wegen der außerordentlich engen Beziehung zwischen der Substitutionselastizität und der relativen Kreuzelastizität werden wir uns aber im folgenden allein auf die Formen (a) und (b), die einfache und die relative Kreuzelastizität, konzentrieren.

Sowohl die einfache als auch die relative Kreuzelastizität kommen als Grundlage eines Verwandtschaftsindikators in Frage. Der Beweis ist einfach zu erbringen:
Wenn $\frac{\partial x_i}{\partial p_j}$, der Quotient des Schultz-Indikators, Anhaltspunkte über die Nachfrageverwandtschaft liefert, vermag dies auch eine Form, in der ∂x_i und ∂p_j lediglich relativiert auftreten - wie es bei der Kreuzelastizität der Fall ist. Dennoch wollen wir aus der einfachen und der relativen Kreuzelastizität nicht nur einen, sondern zwei Triffin-Indikatoren ableiten, weil sich die einfache und die relative Kreuzelastizität in den Anwendungsbedingungen und der Aussagefähigkeit unterscheiden, wie wir bereits festgestellt haben[158].

Triffins Konzept - in der ursprünglichen und in der zur relativen Kreuzelastizität modifizierten Form - ist stets auf Veränderungen bezogen, die gegenwärtig stattfinden oder in der Vergangenheit stattgefunden haben. Beim Quotienten der einfachen Kreuzelastizität halten wir es jedoch für möglich und im Interesse der breiteren Anwendbarkeit auch für erforderlich zuzulassen, daß der Quotient wie der Schultz-Indikator[159] auch auf bloß vermutete Beziehungen zwischen den Gütern i und j gestützt wird. Vermutungen darüber, wie

158) Siehe S. 102 f., 106.
159) Siehe S. 67.

sich aufgrund einer Änderung des Preisverhältnisses das Mengenverhältnis zwischen den Gütern i und j verschiebt, halten wir hingegen in der Regel für praktisch nicht möglich. Deshalb werden die beiden Triffin-Indikatoren in diesem Punkt verschieden zu formulieren sein. Außerdem werden wir die Triffin-Indikatoren so formulieren, daß sie nicht auf bloß marginalen Änderungen beruhen. Weil das Elastizitätskonzept streng genommen auf einen bestimmten Punkt bezogen ist, müßten nun eigentlich in der Quotientenberechnung als Ausgangssituation (x_i, x_j, p_i, p_j) Mittelwerte zwischen den alten und neuen Mengen, den alten und neuen Preisen verwendet werden[160]. Wir wollen es jedoch der Einfachheit halber bei der gewohnten Ausdrucks- und Schreibweise belassen.

Nach diesen Vorbemerkungen können wir die Triffin-Indikatoren formulieren. Wir werden den auf die einfache Kreuzelastizität bezogenen Verwandtschaftsindikator den Triffin-Indikator I und den auf die relative Kreuzelastizität bezogenen Verwandtschaftsindikator den Triffin-Indikator II nennen.

Als Triffin-Indikator I gilt die relative Mengenänderung beim Gut i, die nachweislich (aufgrund statistischer Zusammenhänge) oder vermutlich durch eine relative Änderung im Einsatz eines Aktionsparameters für das Gut j ausgelöst wird oder wurde.

Als Triffin-Indikator II gilt die relative Änderung im Mengenverhältnis der Güter i und j, die nachweislich durch eine relative Änderung im Verhältnis des Einsatzes gleicher Aktionsparameter für die Güter i und j ausgelöst wird oder wurde.

---

160) Vgl. Ott, Grundzüge, S. 136.

3. Die Leistungsfähigkeit der Triffin-Indikatoren

(aa) Die Leistungsfähigkeit des Triffin-Indikators I (einfache Kreuzelastizität)

(11) Unterschiede in der Aussagefähigkeit zwischen dem Triffin-Indikator I und dem Schultz-Indikator

In dieser Arbeit pflegen wir jeden neuen Verwandtschaftsindikator an dem leistungsfähigsten unter den bisher behandelten zu messen. Der Triffin-Indikator I wird deshalb dem Schultz-Indikator gegenübergestellt.

Der Triffin-Indikator I, zum Beispiel in der Form $E_{ij} = \frac{\partial \log x_i}{\partial \log p_j}$, unterscheidet sich vom Schultz-Indikator in der Form $\frac{\partial x_i}{\partial p_j}$ formal dadurch, daß keine absoluten, sondern relative Änderungen verwendet werden. Die Aussagen des Triffin-Indikators I werden anders als die des Schultz-Indikators ausdrücklich mit der Ausgangssituation (x_i, p_j) verbunden. Wie wir schon erklärt haben, werden also mit dem Triffin-Indikator I die Aussagen des Schultz-Indikators relativiert.

Wegen der formalen Analogie treffen unsere Aussagen über die Leistungsfähigkeit des Schultz-Indikators[161] auch weitgehend auf den Triffin-Indikator I zu. Für die Bestimmung der Nachfrageverwandtschaft der Art nach hat der Triffin-Indikator I dieselbe Bedeutung wie der Schultz-Indikator. Es kommt bei beiden nur auf das Vorzeichen des Quotienten an, und wenn $\frac{\partial x_i}{\partial p_j} \neq 0$, ist auch $\frac{\partial \log x_i}{\partial \log p_j} \neq 0$. Fraglich ist demnach nur, ob sich beim Übergang vom Schultz-Indikator

161) Siehe S. 68 - 73.

zum Triffin-Indikator I etwas an der Aussage über die Stärke der Verwandtschaftsbeziehung ändert. Wir untersuchen drei Fälle:

(a) Komplementarität zwischen den Gütern i und j und lineare Beziehung zwischen x_i und p_j,

(b) Substitutionalität zwischen den Gütern i und j und eine streng proportionale Beziehung zwischen x_i und p_j,

(c) nichtlineare oder nicht streng proportionale Beziehung zwischen x_i und p_j.

Zu (a): Bei Komplementarität und einer linearen Beziehung zwischen x_i und p_j lautet die "Kreuz-Preis-Absatz-Funktion" $p_j = - ax_i + b$. Unter dieser Voraussetzung bleibt der Quotient $\frac{\partial x_i}{\partial p_j}$ (Schultz-Indikator) konstant, gleichgültig von welchem Punkt der Preis-Absatz-Kurve - d.h. von welcher Ausgangssituation - man auch ausgeht. Der Quotient $\frac{\partial x_i}{x_i} \cdot \frac{p_j}{\partial p_j}$ (der Triffin-Indikator I) hingegen ist variabel und von der jeweiligen Ausgangssituation abhängig. Das wird sehr deutlich in einer graphischen Darstellung (Abb. 11).

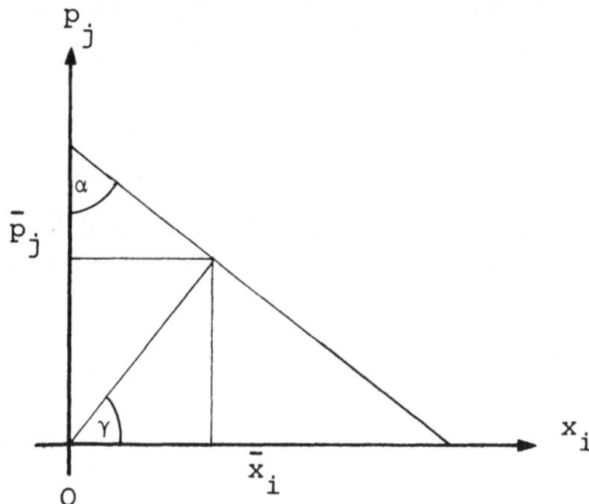

Abb. 11: Geometrische Darstellung des Triffin-Indikators I und des Schultz-Indikators bei Komplementarität

Der Triffin-Indikator I wird ausgedrückt durch[162)]

$E_{ij} = \frac{\partial x_i}{\partial p_j} \cdot \frac{p_j}{x_i} = tg\alpha \cdot tg\gamma$, und von diesen beiden Größen ist die eine, nämlich $tg\alpha$, konstant. Die andere, $tg\gamma$, variiert mit der Ausgangssituation. Für den Schultz-Indikator hingegen ist allein der konstante Wert für $tg\alpha$ maßgebend. Das bedeutet: Bei Vorliegen einer linearen Beziehung zwischen x_i und einem Aktionsparameter für den Anbieter des Gutes j und einem Komplementaritätsverhältnis zwischen den beiden Gütern i und j vermittelt der Triffin-Indikator I eine genauere Vorstellung von der Stärke der Verwandtschaftsbeziehung, weil in das Kalkül zusätzlich die Ausgangssituation eingeht. Wird ein hoher Preis für das Gut j geändert, signalisiert der Triffin-Indikator I einen stärkeren Einfluß auf die Absatzmenge des Gutes i, als wenn der Preis des Gutes j in der Ausgangssituation gering war. Wenn man z.B. von einer "Kreuz-Preis-Absatz-Funktion" $p_j = - 0{,}01x_i + 9{,}5$ ausgeht, ist es für den Unternehmer informativer zu wissen, daß in einer bestimmten Ausgangssituation (z.B. $\bar{p}_j = 4{,}5$; $\bar{x}_i = 500$) das Verhältnis der relativen Mengenänderung zur relativen Preisänderung - 0,9 (9% : 10%) beträgt, als nach dem Schultz-Indikator (nur) zu erfahren, daß in jedem Punkt der "Kreuz-Preis-Absatz-Kurve" die Mengenänderung das 100fache der Preisänderung ausmacht. Der Triffin-Indikator I ist also in diesem Fall dem Schultz-Indikator überlegen.

Zu (b): Wie sehen die Beziehungen zwischen dem Triffin-Indikator I und dem Schultz-Indikator aus, wenn Substitution und ein streng proportionales Verhältnis zwischen p_j und x_i herrschen? Mit einem streng proportionalen Verhältnis meinen wir hier: Die "Kreuz-Preis-Absatz-Kurve" ist eine Gerade und beginnt im Ursprung. $p_j = b$

162) Vgl. Ott, Grundzüge, S. 137. Wir haben - wie Ott - das negative Vorzeichen für $\frac{\partial x_i}{\partial p_j}$ fortgelassen, so daß sich für E_{ij} ein negativer Wert ergibt.

ist der Höchstpreis, so daß die Gerade $p_j = ax_i$ nur bis zum Punkt $p_j = b$ definiert ist. Am besten wir machen uns die Beziehungen zwischen dem Triffin-Indikator I und dem Schultz-Indikator in diesem Fall wieder an einer Graphik klar (Abb. 12).

In diesem Fall ist $\frac{\partial x_i}{\partial p_j} = \frac{1}{tg\alpha}$ in jedem Punkt konstant, ebenso $\frac{\bar{p}_j}{\bar{x}_i} = tg\alpha$, so daß sich nicht nur für den Schultz-Indikator ein konstanter Wert ergibt, sondern auch für den Triffin-Indikator I, nämlich für letzteren $E_{ij} = \frac{1}{tg\alpha} \cdot tg\alpha = 1$ [163].

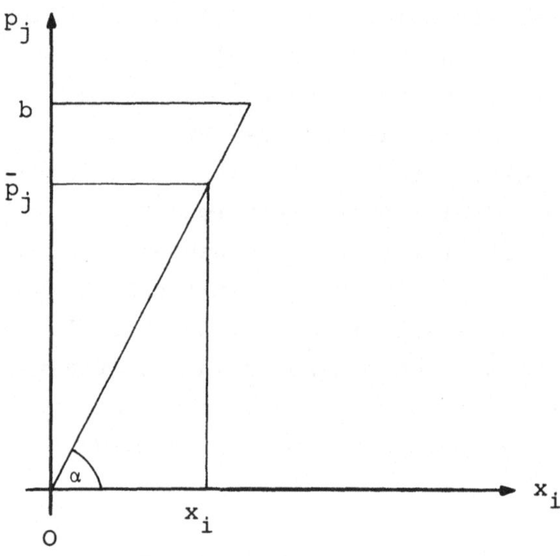

Abb. 12: Geometrische Darstellung des Triffin-Indikators I und des Schultz-Indikators bei Substitutionalität

163) Im übrigen werden wir später in der Diskussion um einen Brems-Indikator feststellen, daß sich unter analogen Bedingungen auch für die Substitutionselastizität ein konstanter Wert von 1 ergibt. Siehe S. 128 f.

Beide Indikatoren sind nun von der jeweiligen Ausgangssituation unabhängig.

Da sich bei einer streng proportionalen Beziehung zwischen p_j und x_i bei Substitutionsgütern für den Triffin-Indikator I immer eine Kreuzelastizität von 1 ergibt, sagt der Triffin-Indikator I über die Stärke der Verwandtschaftsbeziehung nichts mehr aus. Anders der Schultz-Indikator: Der Schultz-Indikator wird nur einmal auf die Steigung der "Kreuz-Preis-Absatz-Kurve" bezogen - nicht, wie der Triffin-Indikator I, zweimal. Deshalb kann der Schultz-Indikator mit der Steigung der Kurve zugleich die Stärke der nachfrageverwandtschaftlichen Beziehung sichtbar machen. Für den Unternehmer ist es informativer zu wissen, daß sich die Menge stets z.B. um das 50fache des absoluten Betrages der Preisänderung vermehrt oder vermindert $\left(\frac{\partial x_i}{\partial p_j} = 50\right)$, statt sich nur bewußt zu sein, daß die relative Mengenänderung stets der relativen Preisänderung gleicht. Der Schultz-Indikator ist also in diesem Fall dem Triffin-Indikator I überlegen.

Zu (c): Heben wir die Annahme einer streng proportionalen - oder allgemein: einer linearen - Beziehung zwischen der Menge des Gutes i und dem Aktionsparameter für das Gut j auf, sind die beiden Indikatoren in ihrer Aussage über die Stärke der Nachfrageverwandtschaft gleichwertig: Die Beträge beider Quotienten hängen von der jeweiligen Ausgangssituation ab. Beim Triffin-Indikator I wird die Ausgangssituation sogar ausdrücklich ins Kalkül aufgenommen. Zwar braucht in der Aussage beider Quotienten die Ausgangssituation nicht sichtbar zu werden. So kann die Aussage des Triffin-Indikators I z.B. einfach mit $E_{ij} = 0{,}9$ und die des Schultz-Indikators mit $\frac{\partial x_i}{\partial p_j} = 100$ angegeben werden.

Aber es empfiehlt sich stets, beide Indikatoren ausführlich zu formulieren oder sie zu kommentieren.

Wir fassen zusammen: In der Aussage, ob Nachfrageverwandtschaft vorliegt oder nicht und um welche Art der Nachfrageverwandtschaft es sich handelt, sind der Triffin-Indikator I und der Schultz-Indikator gleichwertig. Nur dann, wenn Substitutionalität und eine streng proportionale Beziehung zwischen x_i und z.B. p_j herrschen, sagt der Schultz-Indikator über die Stärke der Nachfrageverwandtschaft mehr aus als der Triffin-Indikator I. In den übrigen Fällen ist der Triffin-Indikator I dem Schultz-Indikator überlegen oder gleichwertig. Aber da streng proportionale Beziehungen zwischen x_i und einem Aktionsparameter für das Gut j zu den Ausnahmen zählen, darf man den Triffin-Indikator I dem Schultz-Indikator in der Aussagefähigkeit insgesamt als überlegen ansehen.

(22) In der Literatur vorgetragene Einwände gegen die Aussagefähigkeit der Kreuzelastizität (den Triffin-Indikator I)

Schon Chamberlin hat darauf aufmerksam gemacht, daß die Kreuzelastizität die Bedeutung der Mitanbieter nicht unbedingt verläßlich widerspiegelt[164]. Auch hinter hohen Quotienten können, absolut gesehen, so geringfügige Änderungen stehen, daß der Unternehmer diese Beziehungen ohne weiteres vernachlässigen darf. Ein extremes Beispiel findet sich bei Bishop[165]: Viele gleich starke Anbieter, 1 000 001 an der Zahl, konkurrieren miteinander. Ihre Erzeugnisse sind fast gleich. Nun senkt die Firma i ihren Preis um 0,000 000 001%. Die Menge x_i steigt dank der sehr

---

164) Vgl. Edward H[astings] Chamberlin, Elasticities, Cross-Elasticities, and Market Relationships: Comment. In: AER, Vol. XLIII (1953), S. 910 - 916, hier S. 911.

165) Vgl. Robert L. Bishop, Reply. In: AER, Vol. XLIII (1953), S. 916 - 924, hier S. 916.

elastischen Nachfrage um 1%. Bei irgendeiner anderen Firma, der Firma j, wirkt sich die Absatzänderung beim Gut j nur um ein millionstel Prozent aus, da sich die Wirkung auf alle Anbieter verteilt. Dennoch beträgt die Kreuzelastizität 1 000 (d.h. 0,000 001 : 0,000 000 001). "... the effect on the sales of firm j of a price adjustment by firm i may be 'negligible' even though the supposedly relevant cross-elasticity is high"[166].

Wir meinen jedoch, daß der Triffin-Indikator I trotz dieses Einwandes für den Unternehmer noch hinreichend brauchbar ist. Von solch extremen und ungewöhnlichen Fällen kann man in einer betriebswirtschaftlichen Untersuchung absehen.

Ein zweiter Einwand ist in der wettbewerbsrechtlichen Literatur zu finden, jenen Quellen, die die Eignung der Kreuzelastizität zur Abgrenzung des "relevanten" Marktes untersuchen. Dort heißt es, es sei wenig aufschlußreich, die Kreuzelastizität auf den einzelnen Mitanbieter zu beziehen. Zeige sich ein Quotient von null, bedeutet dies noch nicht, daß der Mitanbieter unwichtig sei. In der Summe könnte eine Vielzahl von Mitanbietern, die einzeln keinen merklichen Einfluß ausüben, doch insgesamt einen beachtlichen Faktor darstellen[167]. Der Einwand ist theoretisch berechtigt, doch für unser Problem praktisch irrelevant; denn wir sehen keine für den Unternehmer praktikable Möglichkeit, solche Mitanbieter zu erkennen, die nur einzeln, aber nicht in ihrer Gesamtheit für das betrachtete Unternehmen bedeutungslos sind. Solche Mitanbieter zu erkennen, müßte jedoch möglich sein, wenn man die Beziehungen ihrer Güter zu dem betrachteten Gut in einem

---

166) Chamberlin, Elasticities, S. 911.

167) Vgl. Otto Sandrock, Grundbegriffe des Gesetzes gegen Wettbewerbsbeschränkungen. München 1968, S. 367.

Verwandtschaftsindikator erfassen wollte. Hier stößt man offenbar an die Grenze der Aussagefähigkeit eines jeden Verwandtschaftsindikators.

Ferner wird erklärt: "Je mehr man auf die (wahrscheinliche) zukünftige Entwicklung abzielt, um so weniger kann man sich auf die Kreuzelastizität stützen."[168] Die Feststellung ist richtig, wenn man davon ausgeht, daß die Kreuzelastizität aufgrund von Erfahrungen in der Vergangenheit berechnet wird und die künftigen Erfahrungen von den vergangenen abweichen werden. Aber es kann aus dieser Feststellung kein Einwand gegen die generelle zukunftsorientierte Verwendbarkeit der Kreuzelastizität abgeleitet werden; denn auch dann, wenn die Kreuzelastizität helfen soll, sich auf die (gewöhnlich ungewisse) Zukunft einzurichten, ist es unerläßlich, auf Erfahrungen in der Vergangenheit zurückzugreifen. Allerdings ist es nötig, von Zeit zu Zeit zu prüfen, ob ein Verwandtschaftsindikator noch gültig ist. Darauf kommen wir noch einmal in Teil D zurück[169].

(33) Zur Beschaffung von Informationen für den Triffin-Indikator I

Zur Informationsbeschaffung hat sich Triffin nicht geäußert, sondern gegebene Informationen vorausgesetzt. Das war bei dem von ihm behandelten Gegenstand zulässig, weil nichts anderes als eine einwandfreie Marktform-Klassifikation angestrebt wurde, und dabei spielt das Problem der Informationsbeschaffung keine Rolle. Für uns hingegen haben eventuelle Schwierigkeiten der Informationsbeschaffung erhebliche Bedeutung.

---

168) Erich Kaufer, Die Bestimmung von Marktmacht. Dargestellt am Problem des relevanten Marktes in der amerikanischen Antitrustpolitik. Bern, Stuttgart 1967, S. 19.

169) Siehe S. 176, 179, 184 f.

Wir können uns kurz fassen: Weil der Triffin-Indikator als relativierte Form des Schultz-Indikators verstanden werden kann, gelten die Aussagen zur Beschaffung von Informationen für den Schultz-Indikator weitgehend auch für den Triffin-Indikator I. Die Relativierung bringt für die Informationsbeschaffung nur in einem Punkt eine zusätzliche Erschwernis mit sich: Da der Triffin-Indikator I nicht nur die Tatsache einer Änderung im Einsatz eines nichtpreispolitischen Instruments erfaßt, sondern darüber hinaus diese Änderung auf die Ausgangssituation bezieht, gibt es hier keine Möglichkeit, auf die Quantifizierung des Einsatzes nichtpreispolitischer Instrumente zu verzichten. Allerdings erscheint uns diese Aufgabe regelmäßig lösbar. Der Unternehmer wird sich einer Skalierungstechnik bedienen[170] oder den Einsatz eines nichtpreispolitischen Instruments mit einem Indikator zum Ausdruck bringen (z.B. Werbebudget).

(44) Zusammenfassender Vergleich der Leistungsfähigkeit des Triffin-Indikators I mit der des Schultz-Indikators

Wir haben bereits erklärt[171], daß der einzige formale Unterschied zwischen dem Triffin-Indikator I und dem Schultz-Indikator in einer zusätzlichen Relativierung liegt. Da aber die Relativierung im Bezug z.B. der Größen ∂x_i und ∂p_j auf die Ausgangssituation besteht, ergibt sich - wie wir ebenfalls bereits festgestellt

---

170) Über Skalierungstechniken, die auch bei ökonomischen Problemen in Betracht kommen, bietet eine ausgezeichnete Übersicht Gérard Gäfgen, Zur Theorie kollektiver Entscheidungen in der Wirtschaft. Eine Neuinterpretation der Welfare Economics. In: Jahrbücher für Nationalökonomie und Statistik, Bd. 173 (1961), S. 1 - 49; siehe auch Chisnall, Chapt. 9, S. 168 - 185; Helmut Brede, Die wirtschaftliche Beurteilung von Verwaltungsentscheidungen in der Unternehmung. Köln und Opladen 1968, S. 77-107; ders., Die Objektivierung von Schätzungen. In: ZfbF., 23. Jg. (1971), S. 441 - 453.

171) Siehe S. 107.

haben[172] - für den Triffin-Indikator I eine gegenüber dem Schultz-Indikator verbesserte Aussagefähigkeit.

Im übrigen sind die beiden Indikatoren wegen der formalen Analogie gleichwertig. Auch der Triffin-Indikator I ist nur auf "Güter am Markt" anwendbar, und auch der Triffin-Indikator I erlaubt nicht, zwischen Nachfrageverwandtschaft und bloßer "Konkurrenz um Kapazitäten" zu unterscheiden.

Dennoch reicht die bessere Aussagefähigkeit des Triffin-Indikators I bereits aus, diesen Indikator dem Schultz-Indikator als überlegen anzusehen.

Da uns der Triffin-Indikator I als hinreichend leistungsfähig erscheint[173], können wir uns Zimmermans Skepsis nicht anschließen, wenn er vermutet, daß sich "die Formel von Triffin ... für weitere empirische Arbeiten nicht eignet."[174]

---

172) Siehe S. 109 - 114.

173) Es überrascht nicht, daß der Triffin-Indikator I gern zur Kennzeichnung von Nachfrageverwandtschaft herangezogen wird. Siehe z.B. E. Schneider, Einführung, II. Teil, S. 44; Philip Kotler, Marketing Decision Making: A Model Building Approach. New York, Chicago usw. 1971, S. 164.

174) Louis J/acques/ Zimmerman, Versuch einer Theorie der Dynamik der Marktformen.Vortrag gehalten am 23.1.1951 vor dem Forschungsbeirat des Ifo-Instituts für Wirtschaftsforschung, München. München 1951, S. 4. Im gleichen Sinne: Sidney Weintraub, The Classification of Market Positions: Comment. In: QJE, Vol. 56 (1942), S. 666 - 673, hier S.673; L/ouis/ J/acques/ Zimmerman, The Propensity to Monopolize. Amsterdam 1952, S. 23; Fritz Machlup, The Political Economy of Monopoly. Second Printing, Baltimore 1955, S. 9. Die entgegengesetzte Auffassung vertritt - natürlich - Robert Triffin, Reply. In: QJE, Vol. 56 (1942), S. 673 - 677, hier S. 676 f.

(bb) <u>Die Leistungsfähigkeit des Triffin-Indikators II, verglichen mit der des Triffin-Indikators I</u>

Über die Leistungsfähigkeit des Triffin-Indikators II haben wir bereits die meisten erforderlichen Aussagen gemacht. Wir fassen sie noch einmal zusammen und ergänzen sie in einigen Punkten:

(a) Die Aussagefähigkeit der einfachen und die der relativen Kreuzelastizität gleichen einander im wesentlichen[175]. Doch für die Triffin-Indikatoren gibt es Unterschiede insofern, als in den Triffin-Indikator I ex definitione - anders als in den Triffin-Indikator II - auch bloß vermutete Zusammenhänge eingehen können. Darin liegt ein Vorteil des Triffin-Indikators I gegenüber dem Triffin-Indikator II.

(b) Hinsichtlich der Anwendbarkeit haben wir bis jetzt festgestellt:

(1) Für die relative Kreuzelastizität und damit auch für den Triffin-Indikator II gilt die Ceteris-paribus-Klausel weniger streng als für die einfache Kreuzelastizität und damit für den Triffin-Indikator I[176].

(2) Die Problematik der Abgrenzung von Reaktionsperioden entfällt bei der relativen Kreuzelastizität weitgehend[177].

(3) Der Quotient der relativen Kreuzelastizität ist nur unter bestimmten Annahmen eindeutig definiert[178]. Die Annahmen erscheinen aber verhältnismäßig leicht erfüllbar. Deshalb

---

175) Siehe S. 102 f., 107 f.
176) Siehe S. 102 f.
177) Siehe S. 103.
178) Siehe S. 105 f.

ergibt sich gegenüber der einfachen Kreuzelastizität, von der keine derartigen Anwendungsbedingungen bekannt sind, kein nennenswerter Nachteil.

Wegen der unter (1) und (2) aufgeführten Gründe halten wir den Triffin-Indikator II für leichter anwendbar als den Triffin-Indikator I.

(c) Auch die Anforderungen, die der Triffin-Indikator II an die Informationsbeschaffung stellt, sind leicht zu beurteilen. Vergleicht man den Triffin-Indikator II, z.B. in der Form

$$E = \frac{\partial \log\left(\frac{x_i}{x_j}\right)}{\partial \log\left(\frac{p_j}{p_i}\right)},$$

mit der entsprechenden Formulierung des Triffin-Indikators I, nämlich

$$E = \frac{\partial x_i \cdot p_j}{\partial p_j \cdot x_i},$$

und beachtet man, daß bei Verwendung des Triffin-Indikators I zusätzlich der "rückbezügliche" Quotient

$$E = \frac{\partial x_j \cdot p_i}{\partial p_i \cdot x_i}$$

herangezogen werden muß, wird klar, daß der Triffin-Indikator II keine weitergehenden Anforderungen an die Informationsbeschaffung stellt als der Triffin-Indikator I. Sie sind in diesem Punkt also gleichwertig.

Insgesamt stellen wir fest, daß der Triffin-Indikator II, verglichen mit dem Triffin-Indikator I, keine eindeutig höhere oder geringere Leistungsfähigkeit besitzt: Die Aussagefähigkeit des Triffin-Indikators II ist geringer, seine Anwendung jedoch leichter. Keiner der beiden Triffin-Indikatoren ist dem anderen deutlich überlegen. Beide stellen brauchbare Indikatoren der Nachfrageverwandtschaft dar und stehen in der Leistungsfähigkeit unter den bislang diskutierten Verwandtschaftsindikatoren an erster Stelle.

c) Aussagen zur Nachfrageverwandtschaft im Zusammenhang mit der "Beweglichkeit der Nachfrage" (Krelle)

1. Darstellung und Erläuterung der Aussagen Krelles

Krelle hat mit seiner "Beweglichkeit der Nachfrage"[179] versucht, ein Instrument zu schaffen, das stärker differenzierende Aussagen erlaubt als die Kreuzelastizität. Die "Beweglichkeit der Nachfrage" wird gemessen durch den Quotienten

$$\frac{\partial x_{ji}}{x_j} : \frac{\partial p_j}{p_j}. \qquad (1)$$

Mit ∂x_{ji} ist die Nachfrage gemeint, die der Anbieter des Gutes j vom Anbieter des Gutes i gewinnt oder an ihn verliert, wenn er den Preis des Gutes j ändert.

Es wird den Vergleich der "Beweglichkeit der Nachfrage" mit der Kreuzelastizität erleichtern, wenn wir alternative Schreibweisen der "Beweglichkeit der Nachfrage" untersuchen.

Ausgeschlossen bleibt die Möglichkeit, in $\frac{\partial x_{ji}}{x_j} : \frac{\partial p_j}{p_j}$ den ersten Zähler, ∂x_{ji}, einfach durch ∂x_j zu ersetzen; denn die gesamte Mengenänderung ∂x_j kann immer durch einen Verbund mit weiteren Gütern (k, l, ...) hervorgerufen worden sein. Aber es ist ohne weiteres

179) Vgl. Krelle, Preistheorie, S. 8 f.

möglich, ∂x_{ji} durch ∂x^{*}_{ij} auszutauschen. Mit ∂x^{*}_{ij} wird die Verschiebung von Nachfrage beim Gut i (zum oder vom Gut j) nach einer Preisänderung für das Gut j ausgedrückt. ∂x_{ji} ist ex definitione ∂x^{*}_{ij} gleich.

Ferner ist es für die Aussagefähigkeit ohne Belang, mit welcher Größe man die Nachfrageverschiebung relativiert; denn immer ist vorauszusetzen, daß nur Bewegungen von einer Gleichgewichtssituation zur nächsten erfaßt werden[180]. Die"Beweglichkeit der Nachfrage" kann also auch ausgedrückt werden durch

$$(2) \qquad \frac{\partial x^{*}_{ij}}{x_i} : \frac{\partial p_j}{p_j}.$$

In gleicher Weise läßt sich ein "rückbezüglicher" Quotient der "Beweglichkeit der Nachfrage" ableiten. Dazu gehen wir wieder von Krelles Formulierung der "Beweglichkeit der Nachfrage" aus:

$$(3) \qquad \frac{\partial x_{ij}}{x_i} : \frac{\partial p_i}{p_i}$$

∂x_{ij} symbolisiert die Zu- oder Abwanderung von Nachfrage beim Gut i (von oder zum Gut j) nach einer Preisänderung für das Gut i.

∂x_{ij} ist dem Ausdruck ∂x^{*}_{ji} gleich, der Nachfrageverschiebung beim Gut j (vom oder zum Gut i), die nach einer Preisänderung für das Gut i auftritt. Folglich kann der "rückbezügliche" Quotient (3) zunächst geschrieben werden als

$$(4) \qquad \frac{\partial x^{*}_{ji}}{x_i} : \frac{\partial p_i}{p_i}$$

---

180) Siehe S. 70 - 72.

Da die Bezugsgröße für ∂x^*_{ji} für die Aussagefähigkeit des Quotienten ohne Belang ist, kann man x_i durch x_j ersetzen, und wir erhalten

(5) $$\frac{\partial x^*_{ji}}{x_j} : \frac{\partial p_i}{p_i}$$

Durch die Formulierungen (2) und (5) treten die wesentlichen Unterschiede der "Beweglichkeit der Nachfrage" zur einfachen Kreuzelastizität (zum Triffin-Indikator I) hervor:

(a) Nicht mehr die relative Nachfrageänderung insgesamt wird erfaßt, sondern nur noch jener Anteil, der auf der ausschließlichen Beziehung zwischen den Gütern i und j beruht. Mengenänderungen beim Gut i (oder j) auf Kosten oder zugunsten weiterer Güter (k, l,...) sind ausgeklammert.

(b) Auf Substitutionsgüter ist die "Beweglichkeit der Nachfrage" theoretisch ohne weiteres anwendbar. Herrscht jedoch eine Komplementaritätsbeziehung, kann es keine Mengenänderung beim Gut i (oder j) auf Kosten oder zugunsten des Gutes j (oder i) geben[181].

2. Ableitung des Krelle-Indikators

Da die"Beweglichkeit der Nachfrage" im Gegensatz zur Kreuzelastizität nur auf Substitutionsgüter angewandt werden kann, vermag sie den Triffin-Indikator I keineswegs zu ersetzen. Ein Verwandtschaftsindikator muß seiner Bestimmung nach auch Komplementaritätsbeziehungen anzeigen können. Dennoch haben wir zu unter-

181) Für den Zweck, den Krelle verfolgt, eine "bessere Definition der Marktformen und eine Abgrenzung von Marktkomplexen" zu erzielen, reicht das Instrument aus, nicht hingegen zur Bestimmung beider Arten der Nachfrageverwandtschaft. Vgl. Krelle, Preistheorie, S. VII.

suchen, ob nicht die "Beweglichkeit der Nachfrage" zur Bestimmung von Substitutionsbeziehungen besser geeignet ist als der Triffin-Indikator I.

Wegen der großen Ähnlichkeit zwischen der einfachen Kreuzelastizität und der "Beweglichkeit der Nachfrage", ausgedrückt durch (2) und (5), formulieren wir den Krelle-Indikator von vornherein dem Triffin-Indikator I analog:

Als Krelle-Indikator einer Substitutionsbeziehung gilt das Verhältnis der relativen Nachfrageverschiebung beim Gut i (vom oder zum Gut j) zur relativen Änderung im Einsatz eines Absatzinstruments für das Gut j, gleichgültig ob eine Kausalbeziehung aufgrund statistischer Zusammenhänge nachweislich besteht oder nur vermutet wird.

In der weiteren Diskussion beschränken wir uns der Einfachheit halber auf die Betrachtung von Preis-Mengen-Beziehungen. Im Hinblick auf andere Absatzinstrumente gelten die Schlüsse analog.

3. Die Leistungsfähigkeit des Krelle-Indikators, verglichen mit der des Triffin-Indikators I

Ob der Krelle-Indikator für den Unternehmer bei Substitutionsgütern eine größere Aussagefähigkeit besitzt als der Triffin-Indikator I, ist unter Bezug auf folgende Quotienten leicht festzustellen.

Krelle-Indikator: $$B = \frac{\partial x^{*}_{ij}}{x_i} : \frac{\partial p_j}{p_j}$$ oder

$$B = \frac{\partial x^{*}_{ji}}{x_j} : \frac{\partial p_i}{p_i}$$

Triffin-Indikator I: $E = \frac{\partial x_i}{x_i} : \frac{\partial p_j}{p_j}$ oder

$$E = \frac{\partial x_j}{x_j} : \frac{\partial p_i}{p_i}$$

Gleichgültig, ob der Preis des Gutes i oder des Gutes j geändert wird, in jedem Fall vermittelt der Triffin-Indikator I dem Anbieter des Gutes i wichtigere Informationen als der Krelle-Indikator: Es ist immer denkbar, daß eine Preisänderung z.B. für das Gut j als "Initialaktion"[182] auch die Anbieter anderer Güter (außer dem Gut i) zu einer Preisänderung veranlaßt, die sich dann zugleich mit der Nachfrageverschiebung vom Gut j zum Gut i (oder umgekehrt) auswirkt. Aber der Anbieter des Gutes i wird bei der Bestimmung der Sekundärwirkung der Nachfrageverwandtschaft immer in erster Linie interessiert sein, den Gesamteffekt einer Preisänderung zu erfahren, nicht nur die isolierte Nachfrageverschiebung zwischen den beiden Gütern i und j.

Überdies dürfte es in der Regel schwieriger sein, Informationen über die isolierte Nachfrageverschiebung zwischen i und j als über die gesamte Nachfrageänderung zu erhalten. Der Vorteil in der Aussagefähigkeit des Triffin-Indikators gegenüber dem Krelle-Indikator wird also nicht etwa durch einen Nachteil in den Anforderungen in der Informationsbeschaffung aufgehoben.

Zusammenfassend stellen wir fest, daß der Krelle-Indikator eine geringere Leistungsfähigkeit als der Triffin-Indikator I besitzt[183].

---

182) Gümbel, Sortimentspolitik, S. 252.
183) Zu einer anderen Bewertung kommt Sandrock, weil er nur die isolierte Nachfrageverschiebung zwischen i und j erfassen will. Vgl. Sandrock, S. 364 - 372.

d) Die Aussagen zur Nachfrageverwandtschaft von Brems

1. Darstellung und Erläuterung der Aussagen von Brems zur Nachfrageverwandtschaft

In seinen 1951 veröffentlichten Studien über das Produktgleichgewicht unter monopolistischer Konkurrenz hat Hans Brems[184] die Bedingungen erarbeitet, unter denen ein Unternehmer seine nichtpreispolitischen Absatzinstrumente optimal einsetzt. Dabei ist Brems an zwei Stellen seines Werkes auf das Problem der Nachfrageverwandtschaft eingegangen.

(1) Eine der beiden Aussagen kann man als Versuch interpretieren, Nachfrageverwandtschaft zu definieren. Brems schreibt: "The term 'interrelations of demands for different products' means this: the time rate of quantity sold of one product depends, among other things, upon the same parameter of action or parameters of action as the time rate of quantity sold of a different product."[185] Diese Aussage ist sehr allgemein. Es wird nur erklärt, daß im Fall von Nachfrageverwandtschaft z.B. die beiden Nachfragefunktionen gelten, nämlich $x_i = x_i(p_i, p_j, ...)$ und zugleich $x_j = x_j(p_i, p_j, ...)$, und damit wird lediglich die Grundlage beschrieben, auf der alle uns bisher bekannt gewordenen Verwandtschaftsindikatoren beruhen. Die Aussage bringt uns also nichts Neues.

(2) Die zweite Aussage zur Nachfrageverwandtschaft findet sich in jenen Kapiteln, in denen Brems die Möglichkeiten empirischer Ableitung von Nachfragefunktionen für nachfrageverwandte Güter diskutiert und Beispiele bringt[186]. Brems leitet mehrere verschieden komplexe Regressionsgleichungen als Ausdruck

184) Vgl. Hans Brems, Product Equilibrium under Monopolistic Competition. Cambridge (Mass.) 1951.
185) Brems, Product Equilibrium, S. 104 f. ("same" im Original kursiv).
186) Vgl. Brems, Product Equilibrium, S. 35 - 53.

der Absatzfunktion ab und vergleicht sie miteinander auf ihre Aussagefähigkeit. Für den Absatz von Personenwagen der Marken Ford und Chevrolet nimmt Brems als Absatzfunktion z.B. folgende Gleichung an[187]: .

$$(1) \qquad \frac{x_F}{x_C} = 0{,}782 \left(\frac{\alpha}{\beta}\right)^{1,51} \left(\frac{p_F}{p_C}\right)^{-1,79} .$$

Dabei bedeuten x_F und x_C die Absatzmengen von Ford- und Chevrolet-Personenwagen, p_F und p_C, deren Preise, α und β den Einsatz eines nichtpreispolitischen Absatzinstruments für die beiden Automarken. Brems relativiert alle auf Ford bezogenen Variablen mit den entsprechenden Chevrolet-Variablen, um Konjunktureinflüsse auszuschalten - ein Verfahren, auf das wir bereits hingewiesen haben[188].

Die Verwandtschaftsbeziehung zwischen den beiden in der Absatzfunktion erfaßten Gütern kommt quantitativ zum Ausdruck, wenn man durch Differentiation die Abhängigkeit des Mengenverhältnisses zum Beispiel vom Preisverhältnis ermittelt, also

$$(2) \qquad \frac{\partial\left(\frac{x_F}{x_C}\right)}{\partial\left(\frac{p_F}{p_C}\right)} = 0{,}782 \left(\frac{\alpha}{\beta}\right)^{1,51} \left(\frac{p_F}{p_C}\right)^{-2,79} .$$

Der analoge Ausdruck kann auch für die Abhängigkeit des Mengenverhältnisses vom Verhältnis im Einsatz des nichtpreispolitischen Instruments gebildet werden.

Die Ableitung (2) macht deutlich, daß Brems das Verwandtschaftsverhältnis - implizite - mit einem Indikator erfaßt, der starke Bezüge sowohl zum Schultz-

187) Vgl. Brems, Product Equilibrium, S. 45. Die Symbole wurden geändert.
188) Siehe S. 103.

Indikator[189] $\frac{\partial x_i}{\partial p_j}$ als auch zur Substitutions-

elastizität[190] $\frac{\partial\left(\frac{x_i}{x_j}\right)\cdot\left(\frac{p_i}{p_j}\right)}{\partial\left(\frac{p_i}{p_j}\right)\cdot\left(\frac{x_i}{x_j}\right)}$ und damit zum

Triffin-Indikator II[191] aufweist:

Gegenüber dem Schultz-Indikator liegt der Unterschied in der Verwendung von Mengenverhältnissen und Preisverhältnissen. Brems hat dafür mit seiner Absicht, auf diese Weise Konjunktureinflüsse auszuschalten, eine plausible Begründung gegeben.

Gegenüber der Substitutionselastizität liegt der Unterschied des von Brems verwendeten Indikators im Verzicht auf die Relativierung des Mengen- und des Preisverhältnisses mit der Ausgangssituation ($x_i/x_j; p_i/p_j$). Der Behauptung Zimmermans, Brems analysiere die Beziehung zwischen Ford und Chevrolet mit Hilfe der Kreuzelastizität[192], kann man deshalb nur eingeschränkt zustimmen. Der Grund für diesen Verzicht wird klar, wenn man die Gleichung (2) um den Quotienten

$\frac{\left(\frac{p_F}{p_C}\right)}{\left(\frac{x_F}{x_C}\right)}$ erweitert. Dann ergibt sich

$$(3)\quad \frac{\partial\left(\frac{x_F}{x_C}\right)}{\partial\left(\frac{p_F}{p_C}\right)}\cdot\frac{\left(\frac{p_F}{p_C}\right)}{\left(\frac{x_F}{x_C}\right)} = \frac{1}{\left(\frac{x_F}{x_C}\right)}\; 0{,}782\left(\frac{\alpha}{\beta}\right)^{1{,}51}\left(\frac{p_F}{p_C}\right)^{-1{,}79}$$

Setzt man ferner (1) in (3) ein, erhält man

---

189) Siehe S. 67 f.
190) Siehe S. 103 f.
191) Siehe S. 106 - 108.
192) Vgl. Zimmerman, Propensity, S. 23.

$$(4)\quad \frac{\partial\left(\frac{x_F}{x_C}\right)}{\partial\left(\frac{p_F}{p_C}\right)} \cdot \frac{\left(\frac{p_F}{p_C}\right)}{\left(\frac{x_F}{x_C}\right)} = \frac{\left(\frac{x_F}{x_C}\right)}{\left(\frac{x_F}{x_C}\right)} = 1$$

Mit anderen Worten: Hätte Brems statt seines Verwandtschaftsindikators $\frac{\partial\left(\frac{x_F}{x_C}\right)}{\partial\left(\frac{p_F}{p_C}\right)}$ die Substitutionselastizität verwendet, hätte sich stets der Wert 1 ergeben - ein Resultat, das unserer früheren Feststellung von der Aussage des Triffin-Indikators I bei Substitutionalität und streng proportionaler Beziehung zwischen x_i und p_j entspricht[193]. Der von Brems verwendete Verwandtschaftsindikator ist also in diesem Fall aussagefähiger als der Triffin-Indikator II.

2. Der Verzicht, einen Brems-Indikator der Nachfrageverwandtschaft zu formulieren

Angesichts der Unterschiede zwischen dem von Brems verwendeten Verwandtschaftsindikator einerseits und dem Schultz-Indikator und dem Triffin-Indikator II andererseits ist zu fragen, ob es nötig ist, einen eigenständigen Brems-Indikator zu formulieren.

Im vorigen Abschnitt haben wir festgestellt, daß der von Brems verwendete Verwandtschaftsindikator dem Schultz-Indikator überlegen ist. Den Vorteil des von Brems verwendeten Verwandtschaftsindikators besitzt aber auch der Triffin-Indikator II. Wir können uns

---

193) Siehe S. 111 - 113.

deshalb darauf beschränken, den Indikator $\dfrac{\partial\left(\frac{x_i}{x_j}\right)}{\partial\left(\frac{p_i}{p_j}\right)}$ dem Triffin-Indikator II gegenüberzustellen.

Zwar haben wir für den von Brems verwendeten Indikator auch gegenüber dem Triffin-Indikator II einen Vorteil festgestellt. Aber dieser Vorteil besteht nur, wenn bei Substitutionalität eine streng proportionale Beziehung zwischen $\left(\frac{x_i}{x_j}\right)$ und $\left(\frac{p_i}{p_j}\right)$ herrscht. Da eine solche Konstellation zu den Ausnahmen gehört, könnten wir nicht schon allein dieses Vorteils wegen einem Brems-Indikator grundsätzliche Überlegenheit gegenüber dem Triffin-Indikator II zuerkennen. Anders ausgedrückt: Trotz des Nachteils des Triffin-Indikators II gegenüber einem Brems-Indikator in einem Sonderfall besäße der Triffin-Indikator II - falls wir einen Brems-Indikator formulierten - die generell größere Leistungsfähigkeit. Wir können deshalb von vornherein darauf verzichten, einen eigenständigen Brems-Indikator zu formulieren. Aber dennoch sollte der Vergleich zwischen dem von Brems verwendeten Verwandtschaftsindikator und dem Triffin-Indikator II deutlich gemacht haben, daß wir uns Zimmerman nicht anzuschließen vermögen, wenn er schreibt:"... but even the impressive book of Brems has not convinced me that this theory (von Triffin;der Verf.)is a generally applicable starting point for further empirical investigations."[194]

194) Zimmerman, Propensity, S. 23 ("empirical" im Original kursiv).

e) Aussagen zur Nachfrageverwandtschaft im Zusammenhang mit dem Gutszweck

1. Überblick

In der Literatur findet man eine Reihe von Ansätzen, die zwar auf verschiedene Erkenntnisziele gerichtet sind, aber in dem Bemühen übereinstimmen, Güter in Gruppen zusammenzufassen und dementsprechend von anderen Gütern abzugrenzen. Wir haben die wichtigsten Merkmale dieser Ansätze in einer Tabelle zusammengestellt (Tab. 8).

Merkmal / Ansatz	mit dem Ansatz verfolgtes Erkenntnisziel	Abgrenzungskriterium für die in einer Gruppe zusammengefaßten Güter	für die Bestimmung der Nachfrageverwandtschaft wesentlicher Begriff - "Schlüsselbegriff"
Theorie der "Substitutionslücke" (Joan Robinson)	Abgrenzung unvollkommener Märkte voneinander	Neigung der Nachfrager, Güter gegeneinander auszutauschen (Substitutionselastizität)	"Substitutionslücke"
Theorie des Bedarfsmarkts (Arndt und Sanmann)	widerspruchsfreie Definition des Monopolbegriffs	gleicher Gutszweck	" Bedarfsgut "
Marktforschung (Schäfer)	Ermittlung von Wettbewerbern	gleicher Gutszweck	"verbundener Bedarf"
Theorie des relevanten Marktes (wettbewerbsrechtliche Literatur)	Erkenntnis von Wettbewerbsbeschränkungen	annähernd gleiche Funktion und hoher Quotient der Kreuzelastizität	"Substitutionsgut"

Tab. 8: Merkmale der mit dem Gutszweck verbundenen Ansätze in der Literatur

Die Tabelle läßt erkennen, daß bei allen diesen Ansätzen als Abgrenzungskriterium Gleichheit oder Ähnlichkeit im Gutszweck verwendet wird. In der gleichen oder verwandten Zweckdienlichkeit von Gütern liegt aber auch die Ursache der Nachfrageverwandtschaft. Man kann deshalb sagen, mit diesen Ansätzen wird versucht, Nachfrageverwandtschaft nicht anhand der Wirkung, sondern anhand der Ursache zu erfassen.

Wir haben in der Tabelle den jedem Ansatz eigenen "Schlüsselbegriff" herausgestellt. Dieser "Schlüsselbegriff" ist für die Frage, ob uns ein Ansatz bei der Bestimmung der Nachfrageverwandtschaft weiterhilft, wesentlich. Wir können uns deshalb bei der Behandlung der Ansätze auf die Darstellung und Diskussion der "Schlüsselbegriffe" beschränken. Es handelt sich um die Begriffe "Substitutionslücke", "Bedarfsgut", "verbundener Bedarf" und "Substitutionsgut" (in der wettbewerbsrechtlichen Literatur).

2. Die "Schlüsselbegriffe" der mit dem Gutszweck verbundenen Aussagen

Die "Substitutionslücke". Der Begriff "Substitutionslücke", von Joan Robinson[195] knapp umrissen, beruht auf folgender Überlegung[196]: Viele, aber nicht alle Güter gelten als gegeneinander substituierbar. Deshalb kann man Güter in einer Gruppe zusammenfassen, für die gewöhnlich Substitutionsmöglichkeiten nur innerhalb der Gruppe, nicht aber von Gruppe zu Gruppe bestehen. Jede Gruppe wird dann durch einen Graben[197]

195) Vgl. J. Robinson, The Economics, S. 5, 17; dies., What is Perfect Competition? In: QJE, Vol. XLIX (1934/35), S. 104 - 120, hier S. 114.

196) Wir legen unserer Darstellung die "breiteren" Ausführungen Otts zugrunde. Vgl. Ott, Grundzüge, S. 45 - 47.

197) Vgl. Ott, Grundzüge, S. 46.

von der nächsten getrennt, und dieser Graben heißt in der Literatur leicht mißverständlich "Substitutionslücke". "Substitutionslücken" werden also dadurch bekannt, daß man, von einem Gut ausgehend, alle unmittelbaren und mittelbaren Substitutionsmöglichkeiten für dieses Gut bestimmt. Wenn die Hausfrau zum Beispiel keinen Kuchen oder ähnliches Feingebäck bekommen kann, wird sie Brötchen oder Weißbrot auf den Tisch bringen. Sind auch Brötchen oder Weißbrot nicht erhältlich, wird sie auf irgendeine Brotsorte ausweichen, aber sie wird - von Notzeiten abgesehen - ihrer Familie keine Nudeln oder Kartoffeln anstelle von Backwaren anbieten[198]. Die "Substitutionskette" bricht also mit dem Brot ab, und man kann sagen, daß alle Backwaren eine durch eine "Substitutionslücke" abgegrenzte Gruppe bilden.

Die Theorie der "Substitutionslücke" soll dazu dienen, Güter so in einer Gruppe zusammenzufassen, daß von Gütern außerhalb der Gruppe "keinerlei oder nur zu vernachlässigende Einflüsse auf die Preisbildung innerhalb der Gruppe ausgehen können"[199]. Da aber nach der Theorie der "Substitutionslücke" in der Gruppe nur Substitutionsgüter zusammengefaßt werden, ist dieses Ziel gefährdet, sobald auch von komplementären Gütern nennenswerte Einflüsse ausgehen. Daß Komplementaritätsbeziehungen für die Preise der in einer solchen Gruppe vereinigten Substitutionsgüter bedeutsam sein können, zeigt der Zusammenhang zwischen Benzinpreis und Automobilabsatz.

Ferner hat schon Kaldor darauf aufmerksam gemacht, wie problematisch es ist, eine Grenze zwischen Substitutionsgütern zu ziehen, indem er fragt: Falls die Nachfrage nach Zigaretten in einem Dorf mehr vom Bierpreis als vom Preis für Zigaretten in der nächsten

---

198) Vgl. Ott, Grundzüge, S. 46.
199) Ott, Grundzüge, S. 45.

Stadt abhängt, müßten dann nicht die Zigaretten, die in dem Dorf angeboten werden, mit dem Bier statt mit den Zigaretten in der Stadt zu einer Gruppe zusammengefaßt werden?[200]

Ott hat diesen Einwand zu entkräften versucht und darauf verwiesen, daß es zur Isolierung einer Gruppe ein weniger rigoroses Kriterium als die Substitutionslücke gibt. Danach ist eine "Gruppe von Firmen ... hinreichend von allen anderen Firmen abgegrenzt, wenn die Substitutionselastizität innerhalb der Gruppe beträchtlich höher ist als zwischen den Firmen der Gruppe und den Firmen außerhalb der Gruppe."[201]

Das "Bedarfsgut". Ein "Bedarfsmarkt" läßt sich nach Arndt[202] und Sanmann[203] dadurch charakterisieren, daß auf diesem Markt - und nur dort - ein bestimmtes "Bedarfsgut" angeboten wird[204]. Mit einem "Bedarfsgut" bezeichnen die Autoren eine Gütergruppe, die alle Güter umfaßt, die demselben Zweck dienen[205].

Der "verbundene Bedarf". In der Marktforschungslehre werden Bemühungen behandelt, den "verbundenen Bedarf" festzustellen[206]. Diese Bemühungen gleichen dem Versuch, das "Bedarfsgut" abzugrenzen, nicht ganz. Während sich der Begriff "Bedarfsgut" auf eine Gruppe von Gütern bezieht, die alle demselben Zweck dienen, ist von einem "verbundenen Bedarf" im Zusammenhang

---

200) Vgl. Nicholas Kaldor, Mrs. Robinson's Economics of Imperfect Competition. In: Economica, N.S., Vol. I (1934), S. 335 - 341, hier S. 340.
201) Ott, Marktform, S. 39.
202) Vgl. Helmut Arndt, Anpassung und Gleichgewicht am Markt. In: Jahrbücher für Nationalökonomie und Statistik, Bd. 170 (1958), S. 217 - 286, 362 - 394, 434 - 465, hier S. 224 f.
203) Vgl. Horst Sanmann, Marktform, Verhalten, Preisbildung bei heterogener Konkurrenz. In: Jahrbuch für Sozialwissenschaft, Bd. 14 (1963), S. 56 - 99, hier S. 66 f.
204) Vgl. Arndt, Anpassung, S. 224 f.
205) Sanmann, S. 67.
206) Vgl. Schäfer, Marktforschung, S. 105 - 108.

mit Gütern die Rede, die zwar für verschiedenartige Zwecke bestimmt sind, aber zu ein und derselben Handlung oder zu ähnlichen Handlungen gebraucht werden. Alle möglichen Sorten von Schreibgeräten (Bleistifte, Kugelschreiber, Federhalter usw.) bilden zum Beispiel ein "Bedarfsgut", Schreibpapier ein anderes. Für beide "Bedarfsgüter" besteht aber ein "verbundener Bedarf"; denn sie werden gewöhnlich zusammen verwendet. Auch zwischen allen möglichen Toilettenartikeln herrscht ein solcher Bedarfsverbund; sie werden zwar nicht alle zugleich, aber doch für die einander sehr ähnlichen Zwecke der Körperpflege gebraucht. Die Ermittlung des "verbundenen Bedarfs" beruht also auf demselben methodischen Ansatz wie die Bestimmung des "Bedarfsmarkts" bzw. des "Bedarfsguts": Der Gutszweck, d.h. die Art der Bedürfnisbefriedigung, bildet den Ausgangspunkt der Untersuchung. Derselbe Ansatz kann verwendet werden, um bisher noch unbekannt gebliebene Verwandtschaftsbeziehungen aufzudecken.

Für das praktische Vorgehen empfiehlt es sich, Schäfers Versuch einer Typologie der verschiedenen Bedarfsformen[207] gleichsam als Prüfliste zu verwenden, um Güter ausfindig zu machen, die mit dem betrachteten Gut im Bedarf verbunden (d.h. auch: nachfrageverwandt) sind. Ist der "verbundene Bedarf" erst einmal bestimmt, muß anschließend nach den Anbietern geforscht werden, die den "verbundenen Bedarf" decken können. Statistische Veröffentlichungen über Berufs- und Betriebszählungen, Branchenadreßbücher, Messen und Ausstellungen geben entsprechende Hinweise[208]. Soweit nicht schon die tägliche Erfahrung des Unternehmers dazu ausreicht[209], werden auf diese Weise die Güter bekannt, die über den Bedarfsverbund den Absatz des betrachteten Gutes auch tatsächlich beein-

207) Vgl. Schäfer, Marktforschung, S. 98 - 128.
208) Vgl. Schäfer, Marktforschung, S. 182.
209) Vgl. Schäfer, Marktforschung, S. 182.

flussen, also die Sekundärwirkung der Nachfrageverwandtschaft bei dem betrachteten Gut hervorrufen.

Die Marktforschungsliteratur ist also im Zusammenhang mit der Analyse des "verbundenen Bedarfs" nur bemüht, dem Unternehmer beim Erkennen von Verwandtschaftsbeziehungen zu helfen. Ein eigenes Instrument zur Bestimmung der Stärke einer Verwandtschaftsbeziehung hat die Marktforschungsliteratur - soweit uns bekannt - nicht entwickelt.

Das "Substitutionsgut" in der wettbewerbsrechtlichen Literatur. In der wettbewerbsrechtlichen Literatur ist u.a. die Frage untersucht worden, welche Anhaltspunkte für den Tatbestand der Marktbeherrschung bzw. des ungehinderten Wettbewerbs sprechen. Einen ersten Anhaltspunkt sehen die Juristen in der Absicht des Unternehmers, den Markt zu beherrschen[210]. Die Absicht sei anhand der Unternehmenspläne nachweisbar. Den zweiten Anhaltspunkt sehen sie in dem gemeinsamen Merkmal, das zwei miteinander konkurrierende Güter verbindet. Da mit der Frage nach dem gemeinsamen Merkmal von Substitutionsgütern das Problem der Nachfrageverwandtschaft angesprochen wird, müssen wir uns mit den Antworten befassen, die die Wettbewerbsjuristen gefunden haben.

Sandrock[211] setzt sich u.a. auseinander mit einer Definition von Abbott: "... the products being substitutes for each other in the sense of being alternative means to the attainment of some activity or

210) Vgl. Knut Borchardt, Wolfgang Fikentscher, Wettbewerb, Wettbewerbsbeschränkung und Marktbeherrschung. Stuttgart 1957, S. 73; Dieter Krusche, Marktverhalten und Wettbewerb. Eine Untersuchung zum Gesetz gegen Wettbewerbsbeschränkungen. Berlin 1961, S. 15 f. Eine abweichende Ansicht vertritt Ernst-Joachim Mestmäcker, Das marktbeherrschende Unternehmen im Recht der Wettbewerbsbeschränkungen. Tübingen 1959, S. 11.

211) Vgl. Sandrock, S. 121.

experience ..."[212]. Mit Recht wendet Sandrock ein, mit einer solchen Begriffsbestimmung werde das Problem nur auf eine andere Ebene verschoben, und dem Wettbewerbsrecht sei so nicht weitergeholfen.

Praktische Erfolge werden hingegen mit einem anderen Kriterium erzielt, der "reasonable interchangeability", das die Anti-Trust-Rechtsprechung der USA verwendet[213]. Das Kriterium bedeutet: Gütern, die vernünftigerweise als austauschbar angesehen werden, wird unterstellt, daß sie zu demselben Markt gehören. Die Austauschbarkeit erwächst aus

(a) den Funktionen, die die Güter erfüllen sollen, und

(b) der Einschätzung der Güter durch die Nachfrager.

Wir erläutern, was gemeint ist.

Zu (a): Die Güter dürfen nicht "nur in einem sehr allgemeinen Sinne durcheinander ersetzbar sein"[214], und ihre Austauschbarkeit darf sich nicht "allein auf die Erfüllung einiger Teilaufgaben erstrecken."[215] Allerdings wird auch keine "völlig gleiche Zweckdienlichkeit"[216] gefordert. Sind diese Voraussetzungen erfüllt, liegt "funktionale Austauschbarkeit" vor.

Zu (b): Die Nachfrager insgesamt müssen zum Austausch der Güter auch tatsächlich bereit sein[217]. Sie dürfen nicht durch Preise, Qualitätsunterschiede und

---

212) Lawrence Abbott, Quality and Competition. New York 1955, S. 108.
213) Vgl. Kaufer, S. 21 - 28.
214) Kaufer, S. 23.
215) Kaufer, S. 23.
216) Kaufer, S. 23.
217) Vgl. Kaufer, S. 24; Peter Beckmann, Die Abgrenzung des relevanten Marktes im Gesetz gegen Wettbewerbsbeschränkungen. Bad Homburg, Berlin, Zürich 1968, S. 140 f.

Präferenzen vom Austausch abgehalten werden[218]. Unter diesen Voraussetzungen ist "reaktive Austauschbarkeit" gegeben. Damit auch die ökonomischen Faktoren Preis, Qualität, Präferenzen rechtlich gewürdigt werden können, wird vorgeschlagen, zusätzlich die Kreuzelastizität heranzuziehen: "Funktional austauschbare Produkte werden dann für reaktiv austauschbar gehalten, wenn die Kreuzelastizität der Nachfrage groß ist."[219]

3. Die Möglichkeit, aus den mit dem Gutszweck verbundenen Aussagen einen Verwandtschaftsindikator abzuleiten

Die eben abgeschlossene Darstellung von "Schlüsselbegriffen" hat ergeben, daß alle Ansätze bis auf das Konzept des "verbundenen Bedarfs" nur auf Substitutionsgüter bezogen sind. Dennoch müssen wir prüfen, ob sie uns nicht wenigstens bei der Bestimmung von Substitutionsbeziehungen weiterhelfen.

Es hat sich gezeigt, daß - wie schon im Überblick behauptet[220] - allen Ansätzen die Frage nach dem Gutszweck gemeinsam ist. Der gleiche oder ähnliche Zweck, dem verschiedene Güter dienen, kann zwar als Indikator für die Existenz einer Verwandtschaftsbeziehung verwendet werden. Doch nützt ein solcher Indikator dem Unternehmer nicht viel: Wir haben schon zu Beginn dieser Arbeit[221] darauf verwiesen, daß der Anbieter gewöhnlich aus Erfahrung weiß, mit welchen

---

218) Vgl. Kaufer, S. 24.
219) Kaufer, S. 27. Ähnlich auch Wolfgang Schinkel, Die sachliche Abgrenzung des Marktes in § 22 des Gesetzes gegen Wettbewerbsbeschränkungen. Diss. Göttingen 1962, S. 134.
220) Siehe S. 131 f.
221) Siehe S. 1.

Gütern sein Gut konkurriert oder zu welchen Gütern eine Komplementaritätsbeziehung besteht. Absatzpolitische Bedeutung gewinnt die Kenntnis von der Nachfrageverwandtschaft erst, wenn der Unternehmer außerdem weiß, wie eng die Verwandtschaftsbeziehung ist, d.h. wie stark sie sich auf den Absatz seines Gutes auswirkt. Ein Verwandtschaftsindikator, der die Anforderungen erfüllen soll, die der Unternehmer stellt, muß demnach in der Lage sein, Nachfrageverwandtschaft qualitativ und quantitativ zu bestimmen. Wir dürfen deshalb nicht schon aus dem Gutszweck einen Verwandtschaftsindikator ableiten und dem Unternehmer zur Verwendung empfehlen.

Nur zwei Ansätze sind mit Instrumenten in Zusammenhang gebracht worden, die eine quantitative Bestimmung der Nachfrageverwandtschaft erlauben: Der Begriff "Substitutionslücke" wurde mit der Substitutionselastizität in Verbindung gebracht und der Begriff "Substitutionsgut" in der wettbewerbsrechtlichen Literatur mit der Kreuzelastizität. Da diese beiden Indikatoren aber schon weiter oben[222] diskutiert worden sind, führt uns der Verweis auf die Substitutions- und die Kreuzelastizität nicht weiter.

Zusammenfassend stellen wir fest, daß sich aus den Aussagen in der Literatur, die sich auf den Gutszweck beziehen, kein nutzbringender Verwandtschaftsindikator ableiten läßt.

---

222) Siehe S. 107 - 121.

f) Die Aussagen der auf die Aktivitätsanalyse gestützten Haushaltstheorie (Lancaster)

1. Darstellung der haushaltstheoretischen Aussagen

(aa) Grundlagen

Mit einem 1966 veröffentlichten Aufsatz hat Lancaster[223] versucht, die Haushaltstheorie analog der modernen Produktionstheorie zu formulieren. Die Haushaltstheorie erfuhr mit seinem "aktivitätsanalytischen" Ansatz eine beachtliche Erweiterung. Lancaster brach mit gewohnten Denkkategorien, indem er davon ausging, daß nicht die Güter als solche Nutzen stiften, sondern deren Merkmale ("characteristics")[224]. Es sind demnach bestimmte "Teilbedürfnisse", die im Rahmen der Nutzenstiftung eines Gutes durch die Gutsmerkmale befriedigt werden. Da Lancaster die Merkmale als meßbar annimmt, stellt das Ausmaß eines Merkmals zugleich einen Indikator des Ausmaßes an Befriedigung dar, das ein bestimmtes "Teilbedürfnis" erfährt.

Zur Darstellung des Ansatzes folgen wir teilweise zwei späteren Veröffentlichungen[225], die das Wesentliche besser herausarbeiten.

Von vornherein unterscheiden wir im Anschluß an Weber zwischen "Gütern" und "Waren". Die auf dem Markt ge-

---

223) Vgl. Kelvin J. Lancaster, A New Approach to Consumer Theory. In: JPE, Vol. LXXIV (1966), S. 132 - 157. Siehe auch ders., Change and Innovation in the Technology of Consumption. In: AER, Vol. LVI (1966), P & P, S. 14 - 23.

224) Vgl. Lancaster, A New Approach, S. 134.

225) Vgl. Lancaster, Mathematical Economics. New York, London 1968, S. 113 - 119; Hans Hermann Weber, Zur Bedeutung der Haushaltstheorie für die betriebswirtschaftliche Absatztheorie. In: ZfbF, 21. Jg. (1969), S. 773 - 783. Eine weitere Veröffentlichung Lancasters bringt uns nichts entscheidend Neues und wird darum nur gelegentlich herangezogen. Vgl. Kelvin Lancaster, Consumer Demand. A New Approach. New York, London 1971.

handelten Produkte bezeichnen wir als "Waren". Sie werden vom Haushalt zur Erzeugung von "Gütern" verwendet. Der Apfel in der Einkaufstüte stellt in diesem Sinne eine Ware dar, der zum Verzehr bestimmte Apfel auf dem Teller ein Gut. Die Unterscheidung muß betont werden, damit klar ist, in welchem Sinne im folgenden der Gutsbegriff verwendet wird. Im übrigen werden wir - sooft es geht - Güter mit Konsumaktivitäten ("activities") gleichsetzen. Ist die Voraussetzung dafür gegeben, spricht Lancaster von einer "one-to-one relationship" zwischen Gütern und Aktivitäten[226].

(bb) Lancasters Modell zur Ableitung optimaler Konsumentscheidungen

Lancasters Modell zur Ableitung optimaler Konsumentscheidungen beruht

(a) auf einer Matrix A, welche die "technischen" Beziehungen beschreibt zwischen den eingesetzten Waren und den daraus hergestellten Gütern bzw. den damit erreichbaren Konsumaktivitäten;

(b) auf einer Matrix B, welche angibt, in welcher Beziehung die konsumierten Güter bzw. die Konsumaktivitäten mit den damit realisierbaren Gutsmerkmalen stehen;

(c) auf der Budgetgleichung des Haushalts $K = \sum_{j=1}^{n} p_j x_j$ und

(d) auf der Präferenzfunktion $U = U(z_1, \ldots, z_r)$, wobei U einen Nutzenindikator und z ein (meßbares) Gutsmerkmal bedeuten.

Die Matrizen A und B müssen erläutert werden.

226) Vgl. Lancaster, A New Approach, S. 138.

Im Hinblick auf die Matrix A nimmt Lancaster an, es bestehe eine lineare Beziehung zwischen dem Aktivitätsniveau oder der Gutsmenge und der eingesetzten Warenmenge[227]. Unter dieser Voraussetzung umfaßt die Matrix A einen Satz von Koeffizienten a_{kj}, von denen jeder angibt, welche Menge der Ware k zur Erzeugung einer Einheit des Gutes j bzw. einer Einheit der Konsumaktivität j erforderlich ist. Die Koeffizienten entsprechen den Grenzproduktivitäten in der Produktionstheorie.

Nehmen wir an, für zwei Konsumaktivitäten ist je ein Gut erforderlich ("one-to-one relationship" zwischen Gütern und Aktivitäten), und zur Herstellung der Güter werden zwei Waren gebraucht, dann sieht die Matrix A zum Beispiel so aus (Tab. 9):

Gut j (Aktivität j) / Ware k	1	2
1	a_{11}	a_{12}
2	0	a_{22}

Tab. 9 : Matrix A (Menge der Ware k zur Erzeugung einer Einheit des Gutes j)

Der erste Index bezeichnet die Ware, der zweite das Gut bzw. die Aktivität.

227) Vgl. Lancaster, A New Approach, S. 135. Lancasters Prämisse bezieht sich zwar strenggenommen auf "goods consumed" statt auf Waren - aber Webers Interpretation scheint Lancasters Absichten besser zu entsprechen. Deshalb folgen wir Webers Auslegung. Vgl. Weber, Zur Bedeutung, S. 775.

Die Matrix A kann demnach durchaus als Input-Matrix entsprechend der Produktionstheorie gedeutet werden[228].

Über die Matrix B trifft Lancaster eine analoge Annahme wie über die Matrix A. Er unterstellt: "...each good is assumed to possess characteristics... in fixed proportions, with the characteristics directly proportional to the quantities of the goods."[229] Die Matrix B enthält einen Satz von Koeffizienten b_{ij}, von denen jeder das Ausmaß des Merkmals i beschreibt, das bei einer Einheit der Konsumaktivität j bzw. beim Konsum einer Einheit des Gutes j auftritt.

Nehmen wir an, es gäbe zwei Merkmale und drei Aktivitäten und jede Aktivität verlange nur ein einziges Gut, dann sieht die Matrix B zum Beispiel so aus (Tab. 10):

Aktivität j (Gut j) / erkmal i	1	2	3
1	b_{11}	b_{12}	b_{13}
2	b_{21}	b_{22}	b_{23}

Tab. 10: Matrix B (Menge des Merkmals i, die bei einer Einheit der Konsumaktivität j auftritt)

Der erste Index bezeichnet die Zeile, der zweite die Spalte der Matrix.

228) Siehe dazu Lancaster, Mathematical Economics, S. 100.
229) Lancaster, Mathematical Economics, S. 113.

Lancaster bezeichnet die Matrix $[b_{ij}]$ oder kurz die Matrix B treffend als Matrix der Konsumtechnologie[230]. Sie entspricht - wie auch unsere Beschreibung verdeutlicht - der Output-Matrix der Produktionstheorie[231].

Lancaster stellt die Ableitung der optimalen Konsumentscheidung sowohl mit Hilfe eines Programmierungsansatzes als auch geometrisch dar[232]. Wir folgen der geometrischen Darstellungsweise.

Die in der obigen Matrix B (Tab. 10) zusammengefaßten Beziehungen können geschrieben werden als

(1) $z_1 = b_{11}y_1 + b_{12}y_2 + b_{13}y_3$

(2) $z_2 = b_{21}y_1 + b_{22}y_2 + b_{23}y_3$,

wobei z_i die Gesamtmenge des Merkmals i bezeichnet, die mit bestimmten Mengen y der Aktivitäten (oder Güter) j erreichbar ist.

Aus den Gleichungen (1) und (2) können folgende Beziehungen abgeleitet werden:

(3) $z_1 = \frac{b_{11}}{b_{21}} z_2$ (für die Aktivität oder das Gut 1)

(4) $z_1 = \frac{b_{12}}{b_{22}} z_2$ (für die Aktivität oder das Gut 2)

(5) $z_1 = \frac{b_{13}}{b_{23}} z_2$ (für die Aktivität oder das Gut 3)

---

230) Vgl. Lancaster, Mathematical Economics, S. 113. In seinem späteren Werk (Consumer Demand) verwendet Lancaster die Matrix B im Sinne einer aus den ursprünglichen Matrizen A und B zusammengesetzten Tabelle. Vgl. ders., Consumer Demand, S. 17. Wir folgen jedoch weiterhin der ursprünglichen Konzeption.

231) Vgl. Lancaster, Mathematical Economics, S.100,113.

232) Vgl. Lancaster, A New Approach, S. 136 f., 14of.; ders., Mathematical Economics, S. 114 f. Siehe auch Weber, Zur Bedeutung, S. 775 - 777.

In ein Diagramm eingetragen, ergibt sich zum Beispiel folgendes Bild (Abb. 13):

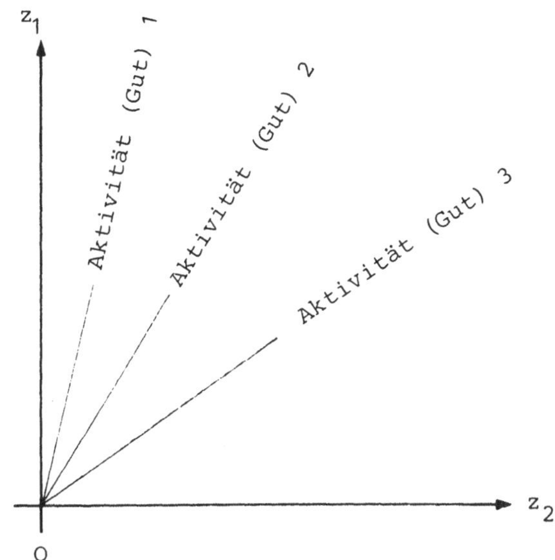

Abb. 13: Prozeßstrahlen (Mengen der Gutsmerkmale 1 und 2, die mit alternativen Aktivitäten oder Gütern erreichbar sind)

Die vom Ursprung ausgehenden Strahlen wollen wir dem Sprachgebrauch der Produktionstheorie entsprechend als Prozeßstrahlen bezeichnen.

Um die optimale Konsumentscheidung abzuleiten, müssen auch die Präferenzfunktion und die Budget-Gleichung berücksichtigt werden. Folglich sind in das Diagramm auch noch Indifferenzkurven und Punkte aufzunehmen, welche die Maximalniveaus der Aktivitäten (oder maximalen Gütermengen) bezeichnen, die der Haushalt bei gegebenem Budget und gegebenen Warenpreisen erreichen kann. Wir kennzeichnen die Maximalniveaus mit C,D und E und verbinden die Punkte, um anzudeuten, daß der Haushalt auch in der Lage ist, Mischungen der verschiedenen Aktivitäten zu realisieren. Nach dem folgenden Diagramm (Abb. 14) wird der Haushalt eine solche Mischung, nämlich den Punkt F, verwirklichen, d.h.

der Haushalt wird beim Konsum zum Teil die Aktivität 1 und zum Teil die Aktivität 2 vollziehen.

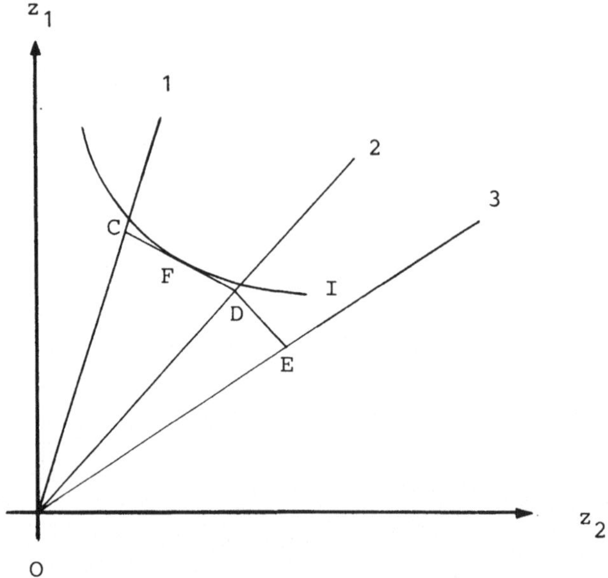

Abb. 14: Optimale Konsumentscheidung (Punkt F) bei gegebenem Budget, gegebenen Prozeßstrahlen, Preisen und Indifferenzkurven

(cc) Der aktivitätsanalytische Ansatz als absatzpolitisches Planungsinstrument

Lancasters Ansatz ist bislang nur im Zusammenhang mit dem Warenpreis dargestellt worden. Der Ansatz läßt sich jedoch auch mit anderen Aktionsparametern in Verbindung bringen. Damit ergibt sich eine Reihe von Möglichkeiten, den Ansatz als Planungsinstrument für absatzpolitische Aktivitäten zu nutzen. Es ist das Verdienst Hans Hermann Webers, auf diese Möglichkeiten hingewiesen zu haben[233].

Als erstes zeigen wir, wie eine Preisänderung nachfrageverwandtschaftliche Beziehungen aktivieren, andere latent werden lassen kann[234]:

233) Vgl. Weber, Zur Bedeutung, S. 778 - 783.
234) Vgl. Weber, Zur Bedeutung, S. 778.

Angenommen, der Haushalt realisiert bei gegebenen Warenpreisen den Punkt F (Abb. 15), und es wird der Preis der für die Aktivität benötigten Ware soweit erhöht, daß sich E nach E' verschiebt.

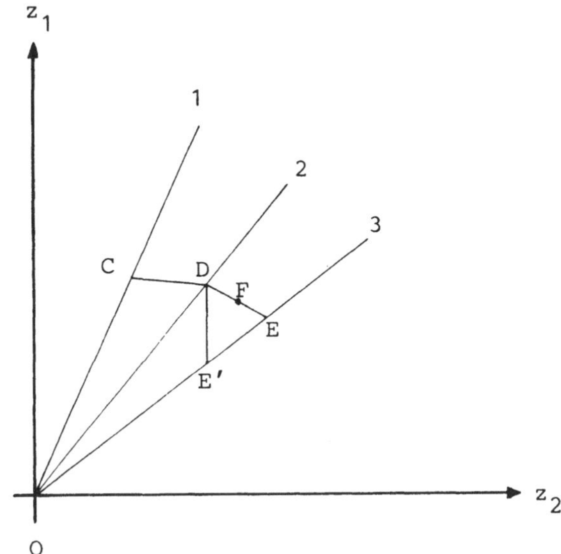

Abb. 15: Wirkung einer Preiserhöhung für eine zur Aktivität 3 benötigten Ware

Dann besteht offensichtlich keine Aussicht, daß überhaupt noch eine Kombination der Prozesse 2 und 3 zustande kommt. Der Prozeß 3 wird ineffizient und eine eventuell dahinterstehende Komplementaritätsbeziehung latent. Außerdem ergibt sich eine Substitution zwischen den zum Prozeß 2 und den zum Prozeß 3 benötigten Waren bzw. den in den Aktivitäten 2 und 3 zusammengefaßten Gütern.

Weitere Möglichkeiten, den Ansatz als Planungsinstrument zu nutzen: Nehmen wir an, mit Hilfe der Werbung gelingt es, dem Haushalt eine neue Konsumaktivität zu eröffnen[235]. Dann tritt zu den bisherigen Prozeß-

235) Vgl. Weber, Zur Bedeutung, S. 781 f.

strahlen im zweidimensionalen z_i-Diagramm ein weiterer, und damit können bisher effiziente Konsumaktivitäten ineffizient werden. Bisher sollen nur zwei Aktivitäten, 1 und 2, zu den Merkmalen z_1 und z_2 geführt haben. Der Haushalt hatte die Möglichkeit, die Eckpunkte C oder D oder eine Kombination aus beiden Aktivitäten zu verwirklichen (Abb. 16).

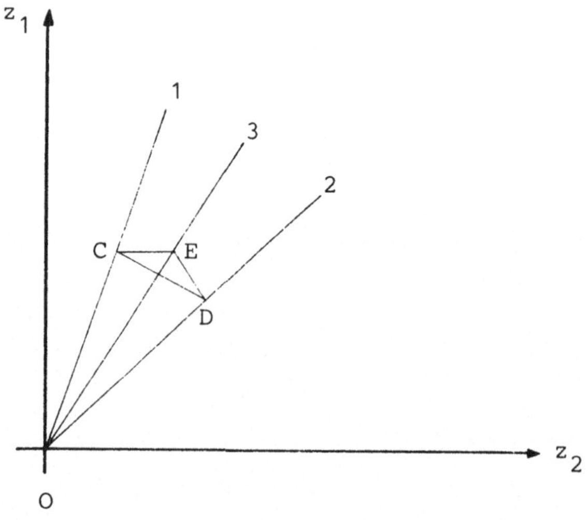

Abb. 16: Wirkung des Auftretens eines zusätzlichen Prozeßstrahls (3)

Der neu hinzugetretene Prozeßstrahl 3 macht nun jedoch Kombinationen der Prozesse 1 und 2 ineffizient. Es ist nur noch wirtschaftlich, sich auf der Linie ("Effizienzgrenze") CED zu bewegen.

Außer durch Werbemaßnahmen können neue Konsumaktivitäten auch durch neue oder veränderte Produkte geschaffen werden[236]. Denkbar ist ferner, daß der Einsatz der absatzpolitischen Instrumente nicht nur die Effizienzgrenze beeinflußt, sondern auch die in den Matrizen A und B zusammengefaßten Koeffizienten und die Präferenzfunktion verändert[237].

236) Vgl. Lancaster, A New Approach, S. 150 f.
237) Vgl. auch Weber, Zur Bedeutung, S. 782.

(dd) Lancasters Aussagen zur Nachfrageverwandtschaft

Lancasters Aussagen zur Nachfrageverwandtschaft sind zunächst auf die Eigenschaften der Matrix B bezogen[238]. Es könne sich zeigen, daß die Matrix B dekomposibel (zerlegbar) sei, und zwar in der Weise, daß eine Teilmatrix B_1 mit k Gütern und s Merkmalen in keiner Beziehung steht zu einer zweiten Teilmatrix B_2 mit (n - k) Gütern und (r - s) Merkmalen. Weil dies auch eine entsprechende Dekomposition der A-Matrix impliziert[239], werden die Ausführungen weiter unten[240] auch auf Waren bezogen. Gelingt eine solche Dekomposition, kann man daraus schließen, daß die nutzenstiftende Kraft der in der Matrix B_1 zusammengefaßten Güter nur aus den s Merkmalen erwächst und den restlichen Gütern, die in der Teilmatrix B_2 zusammengefaßt sind, nutzenstiftende Kraft allein aus den (r - s) Merkmalen zukommt. Unter dieser Voraussetzung handelt es sich nach Lancaster um zwei "echte" ("intrinsic") Gütergruppen. Nachfrageverwandtschaftliche Beziehungen kann es folglich nach diesem Konzept nur innerhalb einer "echten" Gütergruppe geben.

Lancaster schreibt zwar auch von einem "privaten Substitutionseffekt" ("private substitution effect")[241], der sich in Beziehungen zwischen Gütern zeigt, die verschiedenen "echten" Gruppen angehören. Aber wir können uns keine auf Nachfrageverwandtschaft beruhende Substitutionsbeziehung zwischen Gütern vorstellen, die nicht mindestens ein gemeinsames Merkmal aufweisen, die nicht wenigstens ein "Teilbedürfnis" gemeinsam ansprechen, und wir nehmen deshalb an, daß Lancaster mit einer Substitutionsbeziehung zwischen Gütern verschiedener "echter" Gruppen das im Sinn hat, was wir als "Konkurrenz um Kapazitäten" bezeichnen.

238) Vgl. Lancaster, A New Approach, S. 144.
239) Vgl. Lancaster, A New Approach, S. 144.
240) Ab S. 151.
241) Lancaster, A New Approach, S. 144.

Angenommen, ein Kind überlegt, ob es sich auf dem Jahrmarkt eine Karussellfahrt oder eine Coca-Cola leisten soll. Dann ist eine solche "Substitutionsbeziehung" nach unseren bisherigen Vorstellungen - und auch weiterhin - auf "Konkurrenz um Kapazitäten" zurückzuführen; denn die beiden Güter sind in ihren Merkmalen völlig verschieden. Wir können deshalb im folgenden die Beziehungen zwischen Gütern außer acht lassen, die verschiedenen "echten" Gütergruppen angehören.

Ausdrückliche Definitionen finden sich in Lancasters Aussagen zur Nachfrageverwandtschaft nur für "echte vollkommene Substitutionsgüter", für "enge Substitutionsgüter" und für "echte total komplementäre Güter"[242]. Wir verzichten darauf, Lancasters Auffassung von diesen Unterformen der Substitutionalität und Komplementarität darzustellen; der Unternehmer will nur wissen, ob Nachfrageverwandtschaft vorliegt, ob es sich um eine Substitutions- oder eine Komplementaritätsbeziehung handelt, und einen quantitativen Ausdruck für die Stärke des Verwandtschaftsverhältnisses haben. Aber dennoch nutzen wir Lancasters Differenzierungen, weil sich daraus allgemeine Definitionen der Nachfrageverwandtschaft, der Substitution und der Komplementarität ableiten lassen:

(a) Güter sind nach Lancaster <u>nicht nachfrageverwandt</u>, wenn sie keinerlei gemeinsame Merkmale aufweisen, d.h. wenn sie nicht in der Lage sind, wenigstens teilweise dieselben "Teilbedürfnisse" anzusprechen. Wir fügen hinzu: Waren sind danach nicht nachfrageverwandt, wenn sie über keine einzige Konsumaktivität Beziehung zueinander haben, das heißt, wenn es keine Konsumaktivität

242) Vgl. <u>Lancaster</u>, A New Approach, S. 144:"intrinsic perfect substitutes", "close substitutes", "intrinsic total complements".

gibt, in der sie sich substituieren oder komplementieren.

Diese Festlegung ist plausibel, weicht aber in Bezug auf Güter von dem bisher verwendeten Begriff der Unverbundenheit ab. In Bezug auf Güter ist der Begriff der Unverbundenheit bei Lancaster strenger, d.h. die Grenzen für Nachfrageverwandtschaft sind bei ihm weiter gezogen.

(b) Dennoch wird man nicht sagen können, daß dadurch der Begriff der Nachfrageverwandtschaft zur kleinen Münze wird. Immer noch ist der Begriff der Nachfrageverwandtschaft mit dem Bedürfnis oder dem Zweck verbunden, dem die Güter oder Waren dienen. Pareto und Edgeworth waren nur durch ihr Streben nach mathematischer Exaktheit veranlaßt, die Gültigkeitsgrenzen des Begriffs Nachfrageverwandtschaft enger zu ziehen, und die späteren Autoren (Schultz, Slutsky, Triffin , Krelle) waren außerstande, auch latente Nachfrageverwandtschaft zu erfassen, die jetzt auf alle Fälle mit eingeschlossen ist.

(c) Substitutionsgüter liegen nach Lancaster vor, wenn die Güter wenigstens teilweise denselben "Teilbedürfnissen" dienen, d.h. wenn sie beim Konsum wenigstens teilweise zu denselben Merkmalen führen, ohne daß die Güter in den betreffenden Konsumaktivitäten zusammenwirken.
Wir ergänzen Lancasters Ausführungen und fügen hinzu: Waren stehen in einem Substitutionsverhältnis, wenn dasselbe Gut oder dieselbe Aktivität mit unterschiedlichen Waren erreicht werden kann, ohne daß die Waren zusammenwirken.

(d) Güter oder Waren stehen auch nach Lancasters Begriffsschema dann in einem Komplementaritätsverhältnis, wenn sie in einer Aktivität zusammenwirken.

Der Komplementaritätsbegriff stimmt also mit dem bisherigen Sprachgebrauch überein. Wenn wir aber festgestellt haben, daß der Kreis der nachfrageverwandten Güter und Waren nach Lancasters Begriffsschema größer ist als nach dem bisher verwendeten, liegt der Grund darin, daß Lancaster mehr Güter und Waren als bisher als Substitutionsgüter ansieht.

(e) Lancaster weist darauf hin, daß nach seinem Konzept Güter (Waren) auch in Beziehungen zueinander stehen können, die teils komplementärer, teils substitutiver Natur sind. "This will be true if two goods, for example, are used in different combinations in each of several activities, each activity giving rise to a similar combination of characteristics. The goods are complements within each activity, but the activities are substitutes."[243] Wir beziehen uns in der Interpretation wiederum auf Waren und Güter: Lancaster geht offenbar davon aus, daß solchen Gütern oder Waren mehrere Einsatz- oder Ausbringungskoeffizienten zugeordnet werden können, wie es auch regelmäßig der Wirklichkeit entspricht. Sonst wäre es ja nicht möglich, daß verschiedene Kombinationen desselben Güter- oder Warenpaares vorkommen. Zum Beispiel denken wir an die Möglichkeit, Orangen-Sirup und Wasser zu verschiedenen Teilen miteinander zu mischen. Verschiedene "Sorten" Orangensaft (activities) vermögen einander zu substituieren, Sirup und Wasser bleiben selbstverständlich Komplemente. Es ist also richtig, daß die Güter oder Waren - betrachtet man ihre Fähigkeit, einander zu ergänzen - in einem Komplementaritätsverhältnis zueinander stehen. Es ist auch richtig, daß unter den gegebenen Voraussetzungen die Aktivitäten einander zu substituieren vermögen. Wir behaupten aber auch, über Lancasters Aussage hinausgehend, daß die Güter oder Waren selbst in einem Substitutionsverhältnis stehen, insoweit nämlich,

---

243) Lancaster, A New Approach, S. 144 f.

als es möglich ist, von Aktivität zu Aktivität die Einsatz- oder Ausbringungskoeffizienten zu variieren.

Es erscheint zweckmäßig, Lancasters Begriffe noch einmal an zwei Matrizen zu verdeutlichen (Tab. 11 und 12).

Gut j (Aktivität j) / Ware k	1	1	2	3	4
1	a_{11}	0	0	0	0
2	0	a_{21}	0	0	0
3	0	0	a_{32}	0	0
4	0	0	a_{42}	0	0
5	0	0	0	a_{53}	a_{54}
6	0	0	0	a_{63}	a_{64}

Tab. 11: Teilmatrix A_* mit verschiedenen Formen der Nachfrageverwandtschaft

Der erste Index bezeichnet die Ware, der zweite das Gut oder die Aktivität.

Nehmen wir an, die (sehr einfache) A_* - Matrix sei vollständig, dann stehen die beiden Waren 1 und 2 in einem Substitutionsverhältnis zueinander. Sie wirken nicht zusammen, führen aber beide zu demselben

Gut 1. Zwischen den Waren 3 und 4 bzw. 5 und 6 herrscht eine Komplementaritätsbeziehung; sie wirken zusammen. Die Waren 5 und 6 stehen überdies auch noch in einer Substitutionsbeziehung zueinander: Sie können sowohl für das Gut 3 als auch für das Gut 4 verwendet werden; ihre Einsatzkoeffizienten sind variabel.

Wir wiederholen die Klassifizierung verschiedener Formen der Nachfrageverwandtschaft noch einmal am Beispiel einer sehr einfachen Teilmatrix B_*:

Akivität j	1	2	3		4		5	
Gut l / Merkmal i	1	2	3	4	5	6	5	6
1	b_{111}	b_{122}	0	0	0	0	0	0
2	0	b_{222}	0	0	0	0	0	0
3	0	0	b_{333}	0	0	0	0	0
4	0	0	0	b_{443}	0	0	0	0
5	0	0	0	0	b_{554}	0	b_{555}	0
6	0	0	0	0	0	b_{664}	0	b_{665}

Tab. 12: Teilmatrix B_* mit verschiedenen Formen der Nachfrageverwandtschaft

Der erste Index bezeichnet das Merkmal, der zweite das Gut und der dritte die Aktivität.

Die Güter 1 und 2 sind Substitutionsgüter: Sie wirken in keiner Konsumaktivität zusammen, weisen aber (z.T.) dieselben Merkmale auf, d.h. sprechen (wenigstens teilweise) dieselben "Teilbedürfnisse" an. Die Güter 3 und 4 und ebenso die Güter 5 und 6 müssen zusammenwirken, um eine Konsumaktivität zu erreichen; sie sind miteinander komplementär verbunden. Die Güter 5 und 6 stehen überdies auch noch in einer Substitutionsbeziehung zueinander; denn ihre Ausbringungskoeffizienten können - in der Kombination mit dem jeweils anderen Gut - variiert werden.

2. Ableitung des Lancaster-Indikators

Lancasters Aussagen zur Nachfrageverwandtschaft sind auf die Struktur der Teilmatrizen A_* und B_* eines einzelnen Haushalts bezogen. Sie gelten also nicht für alle Nachfrager, denen sich ein Anbieter gegenübersieht. Auch wenn der Unternehmer in erster Linie an der Sekundärwirkung der Nachfrageverwandtschaft, also an den aggregierten von der Nachfrageverwandtschaft geprägten Kaufentscheidungen seiner Nachfrager interessiert ist, empfiehlt es sich hier doch, den Lancaster-Indikator so zu formulieren, daß er Nachfrageverwandtschaft im einzelnen Haushalt anzeigt. Die Sekundärwirkung ist dann aus den Primärwirkungen abzuleiten. Den Lancaster-Indikator unmittelbar auf die Sekundärwirkung zu richten, würde dem Unternehmer die Arbeit erschweren.

Nach allen Vorarbeiten sind wir in der Lage, den Lancaster-Indikator zu formulieren:

Als Lancaster-Indikator der Nachfrageverwandtschaft gelten die Strukturen der durch Dekomposition der Matrizen A und B gewonnenen Teilmatrizen A_* und B_*.

Auf eine Komplementaritätsbeziehung zwischen Gütern (Waren) darf geschlossen werden, wenn die Güter (Waren) zusammenwirken, um eine bestimmte Aktivität zu erreichen.

Auf eine Substitutionsbeziehung zwischen Gütern darf geschlossen werden, wenn bei ihrem Konsum - wenigstens teilweise - dieselben Merkmale auftreten, auf eine Substitutionsbeziehung zwischen Waren, wenn die Waren wahlweise zu derselben Aktivität verwendet werden können.

Auch dann darf eine Substitutionsbeziehung angenommen werden, wenn zu verschiedenen Aktivitäten zwar dieselben Güter- oder Warenkombinationen, jedoch in unterschiedlichem Mengenverhältnis gebraucht werden.

3. Die Leistungsfähigkeit des Lancaster-Indikators

(aa) Die grundlegenden Annahmen

Da der Lancaster-Indikator auf die Matrizen A und B bezogen ist, unterliegt seine Verwendung denselben grundlegenden Prämissen wie Lancasters Haushaltstheorie:

(1) Zwischen dem Aktivitätsniveau oder der Gutsmenge und der eingesetzten Warenmenge besteht eine lineare (proportionale) Beziehung[244], desgleichen zwischen dem Ausmaß eines Merkmals und der Gutsmenge[245].

(2) Die nutzenstiftende Kraft eines Gutes ist unabhängig von der eines anderen Gutes. Das zeigt sich darin, daß z_i in den Gleichungen (1) und (2)[246] als Summe verstanden wird.

Wir haben diese Annahme zu diskutieren.

Zu (1): Für die Bestimmung der Nachfrageverwandtschaft ist allein die angenommene Proportionalität zwischen dem Ausmaß eines Merkmals und der Gutsmenge bedeutsam;

244) Vgl. Lancaster, A New Approach, S. 135.
245) Vgl. Lancaster, A New Approach, S. 135.
246) Siehe S. 144.

denn sie impliziert zugleich eine Proportionalität zwischen der Gutsmenge und dem Nutzenindikator. Diese Annahme ist ungewöhnlich, aber noch vereinbar mit der bisher beachteten, weniger strengen Annahme $\frac{\partial I}{\partial x} > 0$. Wir können darum Lancasters Annahme übernehmen.

Zu (2): Die zweite Annahme bezeichnet Lancaster selbst als "heroisch"[247]. Sie impliziert eine additive Nutzenfunktion von der Gestalt $\phi = \phi\left[f(x_i) + g(x_j) + \ldots\right]$[248]. Mit dieser additiven Nutzenfunktion wird erneut sichtbar, wie stark Lancaster von der bisherigen Vorstellung von der Nachfrageverwandtschaft abweicht; denn bisher wurde davon ausgegangen, daß Nachfrageverwandtschaft gerade dann zu beobachten ist, wenn Gesamtnutzenfunktionen nicht additiv zusammengesetzt sind[249], wenn also ein Verbund in der Nutzenstiftung verschiedener Güter herrscht. Dennoch steht Lancasters Annahme von der additiven Gesamtnutzenfunktion der Verwendung des Lancaster-Indikators nicht im Wege: Der auf der Grundlage einer additiven Nutzenfunktion gewonnene Hinweis auf Güter (Waren), die ganz oder teilweise anstelle von oder zusammen mit anderen verwendet werden können, läßt sich immer noch als Indikator von Verwandtschaftsbeziehungen betrachten, die bei nichtadditiver Struktur der Nutzenfunktion auftreten. Würde man die Frage zu beantworten suchen, warum nach Lancasters Konzept Güter oder Waren zusammenwirken bzw. austauschbar sind, wäre sogar anzunehmen, daß man veranlaßt würde, die Vorstellung von einer additiven zugunsten einer verfeinerten nichtadditiven Nutzenfunktion aufzugeben.

---

247) Lancaster, A New Approach, S. 135.
248) Vgl. Lancaster, A New Approach, S. 133 - 135. Siehe auch ders., Consumer Demand, S. 107.
249) Siehe S. 8 f.

(bb) Anforderungen an die Informationsbeschaffung zur Bestimmung der Sekundärwirkung der Nachfrageverwandtschaft

(11) Überblick über die erforderlichen Informationen

Der Unternehmer, der mit Hilfe des Lancaster-Indikators die Sekundärwirkung der Nachfrageverwandtschaft bestimmen will, braucht - jedenfalls auf den ersten Blick - eine Reihe von Informationen:

(1) der Unternehmer muß die Matrizen A und B jedes Haushalts seiner Nachfragerschaft kennen, d.h.
  (a) die Waren, die verwendet werden,
  (b) die Güter, die aus den Waren hergestellt werden,
  (c) die Konsumaktivitäten, für die die Güter gebraucht werden,
  (d) die Merkmale, die beim Konsum der Güter auftreten, und
  (e) die Einsatz- und Ausbringungskoeffizienten a_{kj} und b_{ij}.

(2) Die Matrizen A und B müssen in Teilmatrizen zerlegt werden, damit die nachfrageverwandtschaftlichen Beziehungen zum Vorschein kommen.

(3) Ferner sind die Warenpreise und Haushaltsbudgets erforderlich, damit die Effizienzgrenzen bestimmt werden können,

(4) und es müssen die Präferenzfunktionen bekannt werden, um die optimalen Konsumentscheidungen feststellen zu können.

In den folgenden Abschnitten werden wir uns mit der Frage befassen, inwieweit von dem Unternehmer angenommen werden kann, er sei in der Lage, die erforderlichen Informationen zu beschaffen. Die Frage, ob und inwieweit es wirtschaftlich ist, die Informationen zu beschaffen, bleibt vorläufig ausgeklammert. Sie soll erst in Kapitel D im Hinblick auf sämtliche dem Unternehmer zu empfehlenden Verwandtschaftsindikatoren gestellt und behandelt werden[250].

(22) Beschaffung von Informationen für "Güter und Waren am Markt"

(aaa) Informationen über Präferenzfunktionen

Der Lancaster-Indikator bezieht sich auf den einzelnen Haushalt. Dies steht zunächst im Widerspruch zur Absicht des Unternehmers, die Sekundärwirkung der Nachfrageverwandtschaft für alle seine Nachfrager in Erfahrung zu bringen. Der Widerspruch läßt sich theoretisch auf dreierlei Weise überbrücken: (1) Der Unternehmer kann alle Aussagen auf einen einzelnen Haushalt beziehen und diesen Haushalt so auswählen, daß er für die Nachfrager als repräsentativ gelten darf. (2) Er kann aber auch die erforderlichen Informationen auf dem Weg über eine Stichprobenerhebung beschaffen oder (3) die Erhebung gar auf alle seine Nachfrager ausdehnen. Ob dem Unternehmer alle Wege offenstehen bzw. welcher Weg zu wählen ist, soll nach dem"Ausschlußverfahren" - und zunächst auf Informationen über die Präferenzfunktionen der Haushalte beschränkt - untersucht werden.

Ist es dem Unternehmer möglich, die Präferenzfunktionen mehrerer Haushalte oder gar aller seiner Nachfrager zu ermitteln? Wir halten den Unternehmer regelmäßig für außerstande, mehrere Präferenzfunktionen abzuleiten. Alle Verfahren, die in der Literatur zur Bestimmung von Präferenz- oder Indifferenzfunktionen genannt werden[251], sind außerordentlich aufwendig.

250) Siehe S. 185 - 188.
251) Siehe die in Fußn. 100 auf S. 86 genannten Quellen.

Das muß so sein, um keine Aussagen zu erhalten, die bloß für den Augenblick der Präferenzäußerung gelten, sondern für einen längeren Zeitraum Gültigkeit besitzen und somit sowenig wie möglich vom Zufall bestimmt sind. Dieses notwendigen Aufwands wegen kann vom Unternehmer allenfalls erwartet werden, daß er die Präferenzfunktion eines einzigen Haushalts erforscht. Dieser Haushalt sollte allerdings für seine Nachfrager repräsentativ sein. Es empfiehlt sich zum Beispiel, der Analyse einen Haushalt mit durchschnittlichem Einkommen und durchschnittlicher Verbrauchsstruktur zugrunde zu legen.

Ob der Unternehmer überhaupt in der Lage ist, die Präferenzfunktion eines Haushalts zu erforschen und ob er sich dabei des experimentellen oder des statistischen Verfahrens bedient, hängt davon ab, für welches Verfahren die notwendigen bzw. die günstigeren Voraussetzungen gegeben sind. Die Anwendung des experimentellen Verfahrens kann daran scheitern, daß es nicht oder nur unzureichend gelingt, die in die Präferenzfunktion einzubeziehenden Güter - für den Nachfrager und für den Unternehmer übereinstimmend - genau zu beschreiben. Diesem Problem sind wir bereits bei der Festlegung des Gutsbegriff begegnet[252]. Das statistische Verfahren kann daran scheitern, daß nicht genügend statistisches Material zur Ableitung der Präferenzfunktion zur Verfügung steht. Es ist also nicht auszuschließen, daß es Fälle in der Praxis gibt, in denen die Voraussetzungen weder des experimentellen noch des statistischen Verfahrens zur Ableitung von Präferenzfunktionen erfüllt sind. Der Unternehmer muß dann auf die Ableitung der Präferenzfunktion verzichten und kann folglich auch nicht die Sekundärwirkungen nachfrageverwandtschaftlicher Beziehungen feststellen.

---

252) Siehe S. 42 f.

(bbb) Informationen über die Matrizen A und B

Wenn in der Regel nur eine einzige Präferenzfunktion erforscht wird, ist es sinnvoll, auch nur für einen einzigen, den repräsentativen Haushalt die Matrizen A und B vollständig abzuleiten. Die so gewonnenen Erkenntnisse sind dann als Indikator der auf alle Nachfrager bezogenen Sekundärwirkungen zu betrachten.

Allerdings sollte der Unternehmer zusätzlich noch eine größere Erhebung darüber veranstalten, für welche Güter seine Waren verwendet werden und welche Merkmale die Nachfrager den Gütern zuordnen. Eine solche Erhebung beschränkt sich also auf die Kopfzeilen und die Randspalten der Matrizen A und B und auf die Frage, ob die Einsatz- und Ausbringungskoeffizienten null oder ungleich null sind. Auf die quantitative Festlegung der Einsatz- und Ausbringungskoeffizienten wird verzichtet. Wir wollen ein solches Erhebungsergebnis "qualitative" Matrizen A und B nennen. Qualitative Matrizen A und B können Verwandtschaftsbeziehungen zum Vorschein bringen, die der Unternehmer bisher noch nicht gekannt oder die er nicht beachtet hatte[253]. Der Unternehmer könnte zum Beispiel auf diese Weise darauf aufmerksam werden, daß sich Hausfrauen bei ihren Kaufentscheidungen zwischen zwei Speisefetten allein von dem Wissen leiten lassen, daß der einen Sorte Olivenöl beigemischt ist und der anderen nicht - ohne daß das Olivenöl für die Hausfrau irgendwie wahrnehmbar wäre.

Nachdem der Umfang der auf die Matrizen A und B gerichteten Erhebungen geklärt ist, stellt sich die wichtige Frage: Kann der Unternehmer für einen ein-

---

253) Auf Verwandtschaftsbeziehungen, die bislang nicht bekannt oder übersehen worden waren, verweist auch Riebel, Kosten und Preise, S. 44.

zelnen Haushalt die vollständigen Matrizen A und B in Erfahrung bringen? Wir sehen keine unüberwindlichen Schwierigkeiten. Es empfiehlt sich ein mehrstufiges Vorgehen:

Auf der ersten Stufe werden sämtliche Waren erfaßt, die zum "Begehrskreis" des Haushalts gehören. Am besten stützt sich der Unternehmer auf ein Haushaltspanel, also auf Aufschreibungen über Art und Menge der eingekauften Waren.

Auf der zweiten Stufe wird über Befragungen festgestellt, wie und wofür der Haushalt die Waren verwendet und welche Waren- und Gutskombinationen dabei auftreten. Ferner hat der Haushalt die Merkmale anzugeben, die beim Konsum der Güter zum Vorschein kommen. Der auf diese Weise gewonnene Katalog von Gutsmerkmalen kann freilich so umfangreich werden, daß es angebracht ist, mehrere Merkmale mit Hilfe der Faktorenanalyse auf gemeinsame Faktoren zurückzuführen und damit die Zahl der Merkmale zu reduzieren[254].

Auf der dritten Stufe der Erhebung sind die Einsatz- und Ausbringungskoeffizienten zu ermitteln. Im Hinblick auf die Einsatzkoeffizienten wird man auf Rezepte und Verfahrensgewohnheiten zurückgreifen; hinsichtlich der Ausbringungskoeffizienten werden quantitative chemische und physikalische Verfahren erforderlich sein, wenn man zu zuverlässigen Aussagen gelangen will.

Die Dekomposition der Matrizen A und B bringt u.E. keine Schwierigkeiten mit sich. Sie bedeutet in der Regel nur ein Umsortieren von Waren, Gütern, Merkmalen und Konsumaktivitäten.

254) Vgl. z.B. Ronald E. Frank, Paul E. Green, Quantitative Methods in Marketing. Englewood Cliffs (N.J.) 1967, S. 80.

(ccc) Sonstige Informationen

Für die sonstigen Informationen sehen wir kein Beschaffungsproblem: Die Warenpreise sind auf dem Markt feststellbar, und die Bestimmung der Ausgaben fällt insofern leicht, als sich der Unternehmer - wie aus den vorigen Abschnitten ersichtlich - auf die Ableitung der optimalen Konsumentscheidungen eines einzelnen Haushalts beschränkt; folglich braucht nur das Budget dieses einzelnen repräsentativen Haushalts bekannt zu werden. Auch in einer zweiten Hinsicht treten keine Probleme auf: Sämtliche Informationen werden auf einen einzigen Zeitraum bezogen. Deshalb braucht der Unternehmer auch nur Preise und Budget für diesen Zeitraum in Erfahrung zu bringen. Veränderungen im Zeitablauf interessieren bei der einmaligen Bestimmung der Sekundärwirkung der Nachfrageverwandtschaft nicht. Sie werden erst bedeutsam, wenn es gilt, die Gültigkeit des Lancaster-Indikators von Zeit zu Zeit zu überprüfen; doch damit befassen wir uns erst in Kapitel D[255].

(33) Beschaffung von Informationen für "Güter und Waren im Experiment"

Wenn die Sekundärwirkung der Nachfrageverwandtschaft für "Güter und Waren im Experiment" ermittelt werden soll, kann sich die Analyse nicht auf solche Güter und Waren allein beziehen, sondern es ist davon auszugehen, daß auch "Güter und Waren am Markt" zum "Begehrskreis" des Haushalts gehören. Sonst blieben diejenigen Verwandtschaftsbeziehungen ausgeklammert, die zwischen "Gütern und Waren im Experiment" und "Güter und Waren am Markt" bestehen. Informationen

---

255) Siehe S. 184 f.

sind also zunächst in dem unter (22) beschriebenen Umfang zu beschaffen und dann auch noch für die "Güter und Waren im Experiment". Welche zusätzlichen Probleme ergeben sich dadurch?

Bei der Ableitung der Präferenzfunktion treten keine zusätzlichen Probleme auf. Bei "Gütern und Waren im Experiment" ist die Voraussetzung für die Erforschung der Präferenzstruktur mit Hilfe experimenteller Befragungstechniken ex definitione erfüllt. Da aber in die Präferenzfunktion auch die "Güter oder Waren am Markt" einzubeziehen sind, kann dennoch die Ableitung der vollständigen Präferenzfunktion praktisch unmöglich sein.

Für die Ableitung der Matrizen A und B bringen "Güter und Waren im Experiment" kaum nennenswerte zusätzliche Erschwernisse mit sich. Die Tatsache, daß solche Güter und Waren nicht im Haushaltspanel erfaßt sind, ist belanglos. Die Matrizen A und B müssen lediglich um "Güter und Waren im Experiment" ergänzt werden. Einzig die Erforschung der Verwendungsmöglichkeiten und der Produktionsverfahren zur Umwandlung von Waren in Güter mit den dazugehörenden Einsatzkoeffizienten bereitet (leichte) Schwierigkeiten. Der Haushalt kann nicht wie zu Aussagen über "Waren am Markt" auf Verwendungsgewohnheiten zurückgreifen. Der Haushalt muß vielmehr Auskunft geben, wozu und wie er die "Waren im Experiment" verwenden würde, wenn er sie schon zur Verfügung hätte. Da aber über "Waren im Experiment" ex definitione[256] eindeutige und für alle Beteiligten übereinstimmende Vorstellungen herrschen, darf man in der Regel vom Haushalt - eventuell anhand tatsächlichen Ge- oder Verbrauchs gewonnene - präzise Auskünfte über die Art und Weise der Verwendung erwarten.

---

256) Siehe S. 42 - 44.

Schließlich bereitet auch die Beschaffung von Preisen für "Waren im Experiment" keine besonderen Schwierigkeiten; denn es wird immer möglich sein, die auf dem Markt wahrscheinlich zu erlangenden Preise an Preisen bereits eingeführter Waren zu orientieren.

(cc) Die Aussagefähigkeit des Lancaster-Indikators

(1) Falls es dem Unternehmer nicht gelingt, die Präferenzfunktion des repräsentativen Haushalts abzuleiten, bleibt die Aussagefähigkeit des Lancaster-Indikators bescheiden: Der Unternehmer erfährt anhand der Matrizen A und B des repräsentativen Haushalts und mit Hilfe weiterer qualitativer Matrizen A und B[257] nur, wo überall (vermutlich) nachfrageverwandtschaftliche Beziehungen bestehen und um welche Art von Beziehungen es sich handelt.

Günstig ist, daß sich der Lancaster-Indikator auch auf "Güter und Waren im Experiment" anwenden läßt und also auch für solche Güter und Waren Verwandtschaftsbeziehungen offenbart.

Sofern sich aber die aus den Matrizen A und B gewonnenen Aussagen auf "Güter und Waren am Markt" beziehen, sind sie nicht frei von den Einflüssen, die von den Aktionsparametern der Anbieter ausgehen. Nur die "Konkurrenz um Kapazitäten" bleibt ausgeschaltet.

In den Einsatz- und Ausbringungskoeffizienten könnten zwar auch Hinweise auf die Stärke der Verwandtschaftsbeziehungen (auf die Primärwirkungen) gesehen werden; aber Aussagen allein darüber sind für den Unternehmer belanglos und bleiben deshalb im Weiteren unbeachtet.

257) Siehe S. 161 .

(2) Gelingt es hingegen, die Präferenzfunktion des repräsentativen Haushalts abzuleiten, kann der Unternehmer auch eine Vorstellung von der Sekundärwirkung einer Verwandtschaftsbeziehung gewinnen: Zunächst werden die optimalen Konsumentscheidungen des repräsentativen Haushalts ermittelt. Danach ist der Unternehmer imstande festzustellen, wie sich z.B. eine Preisänderung für die Ware i auf die optimale Konsumentscheidung und damit auch auf die Nachfrage nach der verwandten Ware j auswirkt. Oder der Unternehmer kann zu bestimmen suchen, wie neue Konsumaktivitäten eröffnende Werbung oder eine Veränderung der Produktgestalt für das Gut i die Nachfrage nach dem verwandten Gut j berührt. Eine solche Aussage bezieht sich zwar auf den einzelnen Haushalt, kann aber zugleich als Indikator der Sekundärwirkung der Nachfrageverwandtschaft innerhalb der gesamten Nachfragerschaft angesehen werden.

Auch über die Stärke einer Verwandtschaftsbeziehung ist ein Anhaltspunkt zu gewinnen: Das Ausmaß, in dem z.B. eine Preisänderung für die Ware i die Nachfrage nach der Ware j erhöht oder vermindert, zeigt die Stärke der Verwandtschaftsbeziehung an. Man kann die Größen ∂x_j und ∂p_i noch zusätzlich mit der Ausgangssituation (x_j und p_i) relativieren und gewinnt so den Quotienten der einfachen Kreuzelastizität mit einer besseren Aussagefähigkeit, als sie nur der Beziehung zwischen ∂x_j und ∂p_i zukommt.

Für "Waren im Experiment" kann zusätzlich erforscht werden, bis zu welchem Höchstpreis sich eine noch nicht auf dem Markt eingeführte Ware gegen Substitute behaupten kann.

Alle Schlüsse über die Sekundärwirkung der Nachfrageverwandtschaft sind mit Hilfe des Lancaster-Indikators nur zu gewinnen, wenn sich die Analyse auf gegebene Effizienzgrenzen und damit auf gegebene Warenpreise stützt. Deshalb läßt sich nichts darüber aussagen, welche Einflüsse von den Aktionsparametern der Anbieter ausgehen. Aus demselben Grund ist es auch nicht möglich, in der Wirkung z.B. einer Preisänderung für das Gut i auf die Nachfrage nach dem Gut j den Anteil zu isolieren, der auf "Konkurrenz um Kapazitäten" zurückzuführen ist[258].

Zum Schluß ist besonders hervorzuheben, daß sich mit Hilfe des Lancaster-Indikators auch die Sekundärwirkung der Nachfrageverwandtschaft für "Waren im Experiment" ermitteln läßt.

(dd) Der Lancaster-Indikator und die Triffin-Indikatoren. Vergleich ihrer Leistungsfähigkeit

(11) Verwendung der Indikatoren, um die Existenz und die Art nachfrageverwandtschaftlicher Beziehungen zu bestimmen

Verwendet man den Lancaster-Indikator lediglich, um festzustellen, zwischen welchen Waren oder Gütern Verwandtschaftsbeziehungen bestehen, ist der Lancaster-Indikator den Triffin-Indikatoren wegen der stärker differenzierenden Betrachtungsweise überlegen. Anhand der Matrizen A und B werden auch Beziehungen offenbar, die bei den Triffin-Indikatoren verborgen bleiben. Die größere Aussagekraft des Lancaster-Indikators auf diesem Gebiet resultiert aus der Tatsache, daß dieser Indikator das Gut nicht in seiner Gesamtheit erfaßt, sondern an Gutsmerkmalen und Konsumaktivitäten anknüpft.

---

258) Vgl. Lancaster, Consumer Demand, S. 70 f.

Soll der Lancaster-Indikator nur genutzt werden, um Verwandtschaftsbeziehungen zu erkennen und der Art nach zu bestimmen, hält sich der Aufwand für die Informationsbeschaffung in Grenzen. Zudem ist zu berücksichtigen, daß der Unternehmer Gutsmerkmale und Verwendungsmöglichkeiten von Waren und Gütern vielleicht schon aus anderen Gründen erforscht hat, etwa zur Gestaltung der Werbe-, Produkt- und Sortimentspolitik. Die Anforderungen des Lancaster-Indikators an die Informationsbeschaffung sind immer geringer als die der Triffin-Indikatoren, sofern Verwandtschaftsbeziehungen nur erkannt und der Art nach bestimmt werden sollen und sofern die Triffin-Indikatoren aus Zeitreihen abgeleitet werden: Die Beschaffung und Auswertung einer Vielzahl von Zeitreihen (entsprechend der Anzahl der den Unternehmer interessierenden Verwandtschaftsbeziehungen) ist gewiß aufwendiger als die Ableitung "qualitativer" Matrizen A und B. - Nur wenn die Aussagen des Triffin-Indikators I auf bloß vermutete Beziehungen zwischen den nachfrageverwandten Gütern begründet werden, sind die Anforderungen des Lancaster-Indikators an die Informationsbeschaffung größer als die des Triffin-Indikators I.

Die unternehmenspolitische Bedeutung bloßer Aussagen darüber, welche Güter oder Waren in Verwandtschaftsbeziehungen zueinander stehen und um welche Art der Nachfrageverwandtschaft es sich handelt, ist jedoch gering. Wie schon mehrfach betont, ist der Unternehmer vor allem daran interessiert, die Sekundärwirkungen von Verwandtschaftsbeziehungen zu erfahren. Aus den beiden eben genannten Vorteilen des Lancaster-Indikators gegenüber den Triffin-Indikatoren kann deshalb keine Überlegenheit in der Leistungsfähigkeit des Lancaster-Indikators abgeleitet werden.

(22) Verwendung der Indikatoren, um die Sekundärwirkung der Nachfrageverwandtschaft zu bestimmen

Um die Sekundärwirkung der Nachfrageverwandtschaft mit Hilfe des Lancaster-Indikators zu bestimmen, muß zuvor die Präferenzfunktion des repräsentativen Haushalts festgelegt werden. Wir erwarten, daß nicht jeder Unternehmer in der Lage sein wird, diese Information zu beschaffen. Die Bestimmung der Sekundärwirkung der Nachfrageverwandtschaft mit Hilfe des Lancaster - Indikators erscheint also nicht in jedem Falle möglich. Für die Triffin-Indikatoren sind keine derartigen, in manchen Fällen möglicherweise unerfüllbaren Anforderungen an die Informationsbeschaffung bekannt. Der Lancaster-Indikator ist also in diesem Punkt den Triffin-Indikatoren unterlegen.

Angenommen, die Präferenzfunktion des repräsentativen Haushalts kann ermittelt werden, sind dann die Anforderungen an die Informationsbeschaffung, die der Lancaster-Indikator bzw. jeder der Triffin-Indikatoren stellt, unterschiedlich oder gleich hoch? Da noch keine Erfahrungen mit der Verwendung der Verwandtschaftsindikatoren vorliegen, kann man nur Vermutungen anstellen. Wir erwarten, daß die Anforderungen im wesentlichen gleich hoch sind, und zwar mit folgender Begründung: Die Bestimmung der Präferenzfunktion und die Entwicklung vollständiger Matrizen A und B ist ohne Zweifel eine sehr aufwendige Arbeit. Man darf aber nicht übersehen, daß damit zugleich sämtliche für den Unternehmer relevanten Verwandtschaftsbeziehungen qualitativ und quantitativ erfaßt werden, die es für den repräsentativen Haushalt und für die Nachfragerschaft gibt.

Um denselben Umfang an Aussagen mit einem Triffin-Indikator zu erhalten, bedarf es einer Vielzahl von Kreuzelastizitäts-Quotienten. Die Anzahl beträgt

2·n·m, wobei der Faktor 2 aus der Notwendigkeit resultiert, auch die "rückbezüglichen" Quotienten zu berechnen, n die Anzahl der für den Unternehmer relevanten Verwandtschaftsbeziehungen und m die Anzahl der Aktionsparameter der Anbieter symbolisieren. Man darf vermuten, daß die Ableitung von 2·n·m Kreuzelastizitätsquotienten aus Zeitreihen ungefähr denselben Aufwand erfordert wie die Ableitung entsprechender Aussagen mit Hilfe des Lancaster-Indikators.

Nur wenn der Triffin-Indikator I auf bloß vermutete Beziehungen zwischen den verwandten Gütern gestützt werden soll, ist der für die Informationsbeschaffung erforderliche Aufwand geringer als beim Lancaster-Indikator. Allerdings muß dieser verminderte Aufwand durch eine wesentlich schmälere Aussagefähigkeit erkauft werden, so daß wir diesen Fall beim Vergleich der Leistungsfähigkeit der beiden Indikatortypen außer acht lassen können.

Wie schneidet der Lancaster-Indikator in Bezug auf die Aussagefähigkeit ab? Auf die Sekundärwirkung der Nachfrageverwandtschaft, die sich bei der Nachfragerschaft insgesamt zeigt, kann mit Hilfe des Lancaster-Indikators nur indirekt geschlossen werden, indem man die Sekundärwirkung im Haushalt als Indikator der Gesamt-Sekundärwirkung betrachtet. Die Triffin-Indikatoren erfassen hingegen die auf die gesamte Nachfragerschaft bezogene Sekundärwirkung direkt. Darin sehen wir einen erheblichen Vorzug der Triffin-Indikatoren gegenüber dem Lancaster-Indikator. Die Verwendung eines "zwischengeschalteten" Indikators birgt immer das Risiko einer Verzerrung der Wirklichkeit in sich. Wie soll sichergestellt werden, daß der "repräsentative Haushalt" tatsächlich für die Nachfragerschaft repräsentativ ist? Trifft immer die Annahme zu, daß sich alle Nachfrager ebenso rational verhalten, wie es dem repräsentativen Haushalt unterstellt wird? In der Fähigkeit, die Sekundärwirkung der Nachfragerschaft für alle Nachfrager anzuzeigen, erscheint uns also der Lancaster-Indikator den Triffin-Indikatoren unterlegen.

Allein in einem Punkt besitzt der Lancaster-Indikator gegenüber den Triffin-Indikatoren einen Vorzug: Er ist auch auf "Güter oder Waren im Experiment" anwendbar, vermag also auch für solche Güter oder Waren Sekundärwirkungen der Nachfrageverwandtschaft anzuzeigen.

(33) Zusammenfassung

Bis zur Ableitung des Lancaster-Indikators galten die Triffin-Indikatoren unter allen bis dahin diskutierten Indikatoren als die leistungsfähigsten. Wir haben deshalb gefragt, ob die Triffin-Indikatoren auch dem Lancaster-Indikator überlegen sind. Die Frage ist zu bejahen. Die Antwort ergibt sich aus der Gegenüberstellung der Vor- und Nachteile des Lancaster-Indikators gegenüber den Triffin-Indikatoren:

(a) Vorteile des Lancaster-Indikators gegenüber den Triffin-Indikatoren:

(1) Im Unterschied zu den Triffin-Indikatoren ist der Lancaster-Indikator auch auf "Güter oder Waren im Experiment" anwendbar.

(2) Die Aussagefähigkeit des Lancaster-Indikators ist größer als die der Triffin-Indikatoren, wenn es lediglich darum geht festzustellen, welche Güter oder Waren nachfrageverwandt sind und um welche Art der Verwandtschaftsbeziehung es sich handelt.

Ferner bleibt in solchen Aussagen des Lancaster-Indikators die "Konkurrenz um Kapazitäten" ausgeschaltet, und - sofern sie sich auf "Güter oder Waren im Experiment" beziehen -

können auch jene Einflüsse auf die Nachfrageverwandtschaft eliminiert werden, die von den Aktionsparametern der Anbieter ausgehen.

(b) Nachteile des Lancaster-Indikators gegenüber den Triffin-Indikatoren:

(1) Für den Lancaster-Indikator ist nachteilig, daß vom Unternehmer nicht anzunehmen ist, er sei in jedem Falle in der Lage, die Präferenzfunktion eines Haushalts und - darauf begründet - die Sekundärwirkung der Nachfrageverwandtschaft zu bestimmen. Für die Triffin-Indikatoren ist eine solche die Anwendbarkeit einschränkende Bedingung nicht bekannt.

(2) Nachteilig ist für den Lancaster-Indikator ferner, daß auf die Gesamt-Sekundärwirkung der Nachfrageverwandtschaft nur indirekt geschlossen werden kann. Die Triffin-Indikatoren sind hingegen auf die Gesamt-Sekundärwirkung direkt gerichtet. Sie sind deshalb nicht mit dem Risiko von Verzerrungen behaftet, das in der Verwendung eines zusätzlichen, "zwischengeschalteten" Indikators liegt.

Vergleicht man die Vorzüge und Nachteile des Lancaster-Indikators miteinander, erscheinen uns die Nachteile gewichtiger, und wir bewerten die Leistungsfähigkeit der Triffin-Indikatoren höher als die des Lancaster-Indikators. Wir gehen deshalb im folgenden davon aus, daß der Unternehmer - falls er die Wahl hat - einen Triffin-Indikator dem Lancaster-Indikator vorziehen wird. Den Lancaster-Indikator wird der Unternehmer u.E. nur auf dem Gebiet verwenden, auf dem er als einziger Verwandtschaftsindikator überhaupt anwendbar ist, nämlich zur Bestimmung der Nachfrageverwandtschaft zwischen "Gütern oder Waren im Experiment".

IV Ergebnis der Suche nach Verwandtschaftsindikatoren

Unsere Suche nach Verwandtschaftsindikatoren ist abgeschlossen. Wir sind zum Ergebnis gekommen, daß dem Unternehmer zu empfehlen ist, die Nachfrageverwandtschaft bei "Gütern (Waren) am Markt" mit einem der beiden gleichwertig erscheinenden Triffin-Indikatoren zu bestimmen und zur Analyse der Nachfrageverwandtschaft bei "Gütern (Waren) im Experiment" den Lancaster-Indikator zu verwenden.

Alle drei Formen von Verwandtschaftsindikatoren sind nicht unproblematisch. Vor allem setzen sie einen hohen Aufwand für die Informationsbeschaffung voraus. Überdies ist nicht gesichert, daß der Unternehmer in jedem Fall mit den Verwandtschaftsindikatoren alle gewünschten Informationen gewinnen kann: Falls sich der Unternehmer außerstande sieht, die Präferenzfunktion eines Haushalts abzuleiten, erscheint es ausgeschlossen, die Sekundärwirkung der Nachfrageverwandtschaft für "Güter (Waren) im Experiment" in Erfahrung zu bringen, weil dann der einzige auf solche Güter oder Waren anwendbare, der Lancaster-Indikator versagt.

Einen schlechthin idealen Verwandtschaftsindikator gibt es also nicht. Dennoch darf man behaupten, daß die quantitative Analyse der Nachfrageverwandtschaft in der überwiegenden Mehrzahl aller Fälle nicht mangels eines geeigneten Verwandtschaftsindikators zu unterbleiben braucht.

D Die Notwendigkeit, bei der Ableitung und Verwendung von Aussagen über die Nachfrageverwandtschaft weitere Momente zu berücksichtigen

I Vorbemerkungen

Wir haben bei der bisherigen Behandlung des Verwandtschaftsproblems verschiedene die Analyse prinzipiell erschwerenden Momente ausgeklammert: die Ungewißheit von Informationen, die Gebundenheit von Informationen an die Zeit und die Wirtschaftlichkeit der Ableitung und Verwendung von Verwandtschaftsindikatoren. Da praktisch bei der Fassung und Verwendung aller unternehmenspolitischen Instrumente gefragt werden muß, wie diese Momente zu berücksichtigen sind, berühren wir ein Problem von allgemeiner Bedeutung. In einer auf die spezifischen Probleme der Nachfrageverwandtschaft gerichteten Arbeit bedarf es deshalb keiner detaillierten Erörterung. Die folgenden Ausführungen sollen nur deutlich machen, warum und wo überall diese Momente noch bei der Ableitung und Verwendung von Verwandtschaftsindikatoren zu beachten sind.

II Zur Berücksichtigung der Ungewißheit in Aussagen über die Nachfrageverwandtschaft

Wir gehen davon aus, daß der Unternehmer nicht nur ungenau und unvollständig informiert ist - wie bislang schon unterstellt -, sondern daß seine Informationen auch durchweg ungewiß sind.

(1) Der Unternehmer braucht Aussagen über die Nachfrageverwandtschaft nur, um in der Zukunft richtige Entscheidungen zu treffen. Für ihn sind also diejenigen Verwandtschaftsbeziehungen maßgebend, die in der Zukunft herrschen werden. Aussagen darüber dürften ohne Rückgriff auf Erfahrungen in der Vergangenheit regelmäßig unmöglich sein. Schon im Schluß von der Vergangenheit auf

die unmittelbare Zukunft liegen etliche Momente der Ungewißheit:

(a) Mit Ungewißheit ist als erstes die Antwort auf die Frage behaftet, ob sich die Verhältnisse in der Vergangenheit in der unmittelbaren Zukunft wiederholen werden oder nicht.

(b) Selbst wenn der Unternehmer mit hoher Wahrscheinlichkeit erwartet, daß sich seine Erfahrungen identisch wiederholen, liegt ein zweites Moment der Ungewißheit in der Tatsache, daß Aussagen über die Vergangenheit gewöhnlich mit einem Konfidenzbereich verknüpft sind und dementsprechend nur zu mehrwertigen Erwartungen führen. Zum Beispiel kann niemand behaupten, die Kreuzpreiselastizität zwischen Rind- und Schweinefilet betrage - wir wählen irgendeine Zahl - exakt 1,9. Selbst wenn die Größe aus einer einwandfreien Regressionsanalyse hervorgeht, ist sie immer noch mit einem "mittleren Fehler" behaftet, welcher angibt, um wieviel der Wert höchstens schwanken könnte, wenn für die Regressionsanalyse eine beliebige größere Zahl von "Erfahrungen" ausgewertet würde[259]. Man kann folglich nur sagen: Selbst bei Wiederholung der Erfahrungen besteht lediglich die größte Wahrscheinlichkeit dafür, daß sich eine Kreuzpreiselastizität von 1,9 ergibt.

(c) Angenommen, der Unternehmer erwartet nicht, daß sich seine Erfahrungen in der unmittelbaren Zukunft wiederholen. Dann ist vorauszu-

---

259) Vgl. Gerhard Tintner, Handbuch der Ökonometrie. Berlin, Göttingen, Heidelberg 1960, z.B. S. 211; Heinz Gollnick, Einführung in die Ökonometrie. Stuttgart 1968, S. 64 - 66; W. Gellert, H.Küstner, M. Hellwich, H. Kästner (Hrsg.), Kleine Enzyklopädie Mathematik. Frankfurt/M., Zürich 1972, S. 669 - 671.

schätzen, in welcher Weise die Zukunft von der Vergangenheit abweichen wird und in welchem Maße dies die Fähigkeit eines Verwandtschaftsindikators berührt, als Richtschnur für künftige Entscheidungen zu dienen. Solche Schätzungen werden regelmäßig mit Ungewißheit verbunden sein. Das wird zum Beispiel deutlich, wenn der Unternehmer unter Verwendung des Lancaster-Indikators bestimmen will, wie sich zwei Waren nach einer zu erwartenden Preiserhöhung der Konkurrenz gegenseitig substituieren. Die Frage nach der mutmaßlichen Preiserhöhung wird wohl immer zu mehrwertigen Erwartungen führen. Oder: Was nützt es dem Unternehmer, in einem Experiment zu untersuchen, wie die Sekundärwirkung der Nachfrageverwandtschaft von einer bestimmten Produktgestalt des Konkurrenzerzeugnisses beeinflußt wird, wenn er nicht - gewöhnlich mehrwertige - Erwartungen über die künftige Produktgestalt zugrunde legt?

(2) Ein weiteres Moment der Ungewißheit kommt hinzu, wenn der Unternehmer einen Verwandtschaftsindikator für in der unmittelbaren Zukunft anwendbar hält, aber dann abschätzen muß, wie lange der Verwandtschaftsindikator aussagefähig (gültig) bleibt[260]. Zweckmäßigerweise wird der Unternehmer die Ableitung eines Verwandtschaftsindikators zunächst in relativ kurzen Zeitabständen wiederholen, um so vielleicht allmählich Anhaltspunkte über eine durchschnittliche Gültigkeitsdauer zu gewinnen. In dieser Frage ist das Ungewißheitsproblem untrennbar mit dem Zeitmoment verbunden.

---

260) Daß sich nachfrageverwandtschaftliche Verhältnisse rasch ändern können, dafür nennt Gunzert als Beispiel die Beziehung zwischen Lufthansa und Eisenbahn in den 30iger Jahren. Vgl. Rudolf Gunzert, Konzentration, Markt und Marktbeherrschung. Frankfurt/M. 1961, S. 80 f.

Unsere Aufzählung dürfte deutlich gemacht haben, daß es regelmäßig nötig ist, in Aussagen über die Nachfrageverwandtschaft die Ungewißheit zu berücksichtigen. Welche Möglichkeiten die Theorie bereithält, der Ungewißheit über künftige Ereignisse und Entwicklungen Herr zu werden, ist in der Literatur insbesondere im Zusammenhang mit der Entscheidungstheorie ausführlich behandelt worden[261]. Da die Ungewißheitstheorie von vornherein "anwendungsoffen" gefaßt ist, darf man erklären, daß die dort entwickelten Erkenntnisse auch auf die Lösung des Verwandtschaftsproblems unter Ungewißheit übertragbar sind.

III Zum Zeitmoment bei der Ableitung und Verwendung von Aussagen über die Nachfrageverwandtschaft

Die Ableitung und Verwendung von Aussagen über die Nachfrageverwandtschaft hängt in mehrfacher Weise von dem Zeitmoment ab. Davon war in unseren bisherigen Ausführungen nur am Rande die Rede. Wenigstens die Problematik des Zeitmoments in Verbindung mit Verwandtschaftsindikatoren soll nun etwas eingehender dargestellt werden. Auf eine ausführliche Diskussion muß in diesem Rahmen jedoch verzichtet werden.

Das Zeitmoment verlangt,

(a) Aussagen über wirtschaftliche Phänomene mit der Zeit in der Weise zu verknüpfen, daß der Zeitpunkt oder Zeitraum genannt wird, für den die Aussage gilt,

(b) und Veränderungen der betreffenden wirtschaftlichen Phänomene (gegebenenfalls auch deren Gesetzmäßigkeiten) offenzulegen, die sie im Zeitablauf erfahren.

261) Siehe dazu z.B. Hans Schneeweiß, Entscheidungskriterien bei Risiko. Berlin, Heidelberg, New York 1967; Krelle(-Coenen), op. cit.; Dieter Schneider, Investition und Finanzierung, 3.,neubearb. Aufl., Opladen 1974, Teil A III.

Wir haben darzulegen, wie diese Aufgaben die Ableitung und Verwendung von Aussagen über die Nachfrageverwandtschaft komplizieren. In Kapitel C sind wir zu dem Ergebnis gekommen, daß der Unternehmer einen der beiden Triffin-Indikatoren oder den Lancaster-Indikator verwenden wird[262]. Deshalb soll das Zeitproblem auch nur im Hinblick auf diese drei Indikatoren erörtert werden. Es erscheint zweckmäßig, die Indikatoren getrennt zu behandeln.

(1) Wir beginnen mit dem <u>Triffin-Indikator</u> I, den man zum Beispiel als Quotienten der einfachen Kreuzelastizität formulieren kann. Der Triffin-Indikator I verbindet eine Störung des Marktgleichgewichts (z.B. eine Preisänderung beim Gut j) mit der daraus resultierenden Mengenänderung beim Gut i. Der Triffin-Indikator I bringt nur dann die gewünschte Aussage, wenn die gesamte Mengenänderung - und nicht nur ein Teil - in den Indikator eingeht. Deshalb ist es nötig, den Triffin-Indikator I auf einen Zeitraum zu beziehen, der vom Augenblick der Störung des Marktgleichgewichts bis zu dem Zeitpunkt reicht, in dem sich ein neues Gleichgewicht einstellt. Diesen Zeitraum zu bestimmen, dürfte regelmäßig schwierig, wenn nicht gar unmöglich sein: Oftmals sind Störungen des Gleichgewichts nicht als solche zu erkennen. Die "Initialaktionen"[263], die einen Reaktionsprozeß auslösen, sind leicht mit Reaktionsmaßnahmen auf frühere Ereignisse zu verwechseln. Reaktionsprozesse selbst laufen nicht immer ungestört ab; häufig werden sie von anderen Reaktionsprozessen, verursacht durch neue "Initialaktionen", abgelöst, ohne daß der erste Reaktionsprozeß beendet war. Somit können sich mehrere Reaktionsprozesse zeitlich "überlappen" und in ihren Wirkungen kumulieren oder kompensieren.

---

262) Siehe S. 173.
263) <u>Gümbel</u>, Sortimentspolitik, S. 252.

Das Problem der Bestimmung der Reaktionsperiode stellt sich viele Male: Wir haben schon im Anschluß an Triffins eigene Ausführungen darauf hingewiesen, daß sich die nachfrageverwandtschaftliche Beziehung zwischen zwei Gütern nur vollständig erschließt, wenn so viele Male Kreuzelastizitäts-Quotienten berechnet werden, wie es Aktionsparameter gibt, die für die Beziehung bedeutsam sein könnten. Da es denkbar ist, daß sich die Periodenlänge von Aktionsparameter zu Aktionsparameter unterscheidet, ist bei der Analyse der Reaktionsperioden nach Aktionsparametern zu differenzieren. Außerdem gibt es vergangene und künftige Reaktionsperioden. Das wird aus Fragen deutlich, die bei Ableitung und Verwendung des Triffin-Indikators I zu beantworten sind:

(a) Auf welchen Zeitraum bezieht sich jede der einzelnen Erfahrungen, auf denen der Triffin-Indikator I begründet werden soll (welche Perioden liegen der Zeitreihenanalyse zugrunde, die zur Ableitung des Triffin-Indikators I führen soll)?

(b) Für welchen Zeitraum gilt die aus Erfahrungen abgeleitete Aussage des Triffin-Indikators I in der Zukunft?

(c) Die aus Erfahrungen abgeleitete Aussage des Triffin-Indikators I gilt in der Zukunft ohne weiteres nur unter der Voraussetzung, daß sich die Erfahrungen der Vergangenheit in der Zukunft identisch wiederholen. In der Regel besteht jedoch Grund zu der Annahme, daß die Reaktionszeiten künftig kürzer oder länger werden (vielleicht aufgrund eines Trends oder wegen des Markteintritts eines neuen Mitanbieters). Dann ist zu fragen: Wie lange dauert die künftige Reaktionsperiode und wie lange bleibt die Schätzung der künftigen Reaktionsperiode gültig? Wird die Frage nicht geprüft, besteht Gefahr, daß der Unternehmer eines Tages irrtümlicherweise meint, die bisherige Aussage des Triffin-Indikators I sei überholt.

Die Schwierigkeit, die das Zeitmoment im Zusammenhang mit der Reaktionsperiode aufwirft, rührt daher, daß der Triffin-Indikator I Ergebnis einer komparativ-statischen Betrachtungsweise ist, die in diesem Fall dazu nötigt, ganz bestimmte Zeitpunkte zu erfassen, nämlich den Augenblick der Störung und den der Wiederherstellung eines Gleichgewichtszustandes auf dem Markt. Es ist darum zu prüfen, ob bei dynamischer Betrachtungsweise die Problematik des Zeitmoments vermindert wird oder gar entfällt:

Nehmen wir zunächst an, es sei bekannt, wie die Absatzmenge x_i vom eigenen Preis p_i und vom Preis eines anderen Gutes p_j abhängt und wie sich die Absatzmenge im Zeitablauf entwickelt. Die Funktion $x_i = x_i(p_i, p_j, t)$ sei also definiert. Es handele sich um eine stetige Funktion. Dann ist es ohne weiteres möglich, zum Beispiel folgende zweite gemischte Ableitung zu bilden:

$$\frac{\partial}{\partial t}\left(\frac{\partial x_i}{\partial p_j}\right) = \frac{\partial^2 x_i}{\partial t \, \partial p_j} .$$

Sie drückt die in einer bestimmten Ausgangssituation (bestimmter Preis p_i, bestimmter Preis p_j, bestimmter Zeitpunkt t) zu beobachtende Veränderung aus, die der Quotient $\frac{\partial x_i}{\partial p_j}$ im Verlauf einer sehr geringen Zeitspanne erfährt. Das bedeutet, die von einer Preisänderung ∂p_j ausgelöste Mengenänderung ∂x_i wird mit einem bestimmten Zeitpunkt (einem minimalen Zeitraum) verbunden - ähnlich, wie beim Triffin-Indikator I die von einer Preisänderung ∂p_j ausgelöste Mengenänderung ∂x_i auf einen Zeitraum, nämlich die <u>gesamte</u> Reaktionszeit, bezogen wird. Demnach vermeidet der obige Differentialquotient die Notwendigkeit, die gesamte Reaktionszeit abzugrenzen, stellt aber dennoch eine Beziehung zwischen der Mengen- und der Preisänderung und der Zeit her.

Bei kritischer Betrachtung erweist sich die Überlegung freilich als rein formal. Der Differentialquotient enthebt den Unternehmer nur deshalb der Notwendigkeit, die gesamte Reaktionszeit abzugrenzen, weil diese Information bereits implizite mit der Prämisse "gegebene Information über die Absatzfunktion x_i" vorausgesetzt wird: Es ist klar, daß die Aufnahme der Zeit als Variable in die Absatzfunktion dazu zwingt, die Gesetzmäßigkeiten von Reaktionsprozessen in Erfahrung zu bringen, die sich nach Veränderungen des Preises p_j einstellen - und anderes mehr.

Die Verwendung des Differentialquotienten erspart also keine Informationen, sondern setzt in Wirklichkeit eher mehr Informationen voraus als der Triffin-Indikator I. Somit brauchen wir uns mit der eigentlichen Problematik des Quotienten $\frac{\partial^2 x_i}{\partial t \, \partial p_j}$ gar nicht erst zu befassen, zum Beispiel nicht mit der Frage, ob es überhaupt eine ein-eindeutige Beziehung zwischen p_j und t und damit eine zweite gemischte Ableitung der Absatzfunktion nach dem Preis p_j und nach der Zeit t geben kann. Statt dessen kehren wir zur Problematik des Zeitmoments im diskontinuierlichen Fall zurück, zum Problem also, wie im Hinblick auf den Triffin-Indikator I Reaktionszeiten abzugrenzen sind.

Der Unternehmer wird zur Abschätzung von Reaktionsperioden immer auf Erfahrungen zurückgreifen müssen. Eine nicht an Erfahrungen orientierte reine Ex-ante-Schätzung erscheint im Regelfall ausgeschlossen, wie auch Kawlath in einem ähnlichen Zusammenhang hervorgehoben hat[264]. Unter dieser Voraussetzung kommt zur möglichst genauen Bestimmung der Reaktionsperiode außer der Verwendung einer dynamischen Absatzfunktion noch ein weiteres Verfahren in Frage, die Spektralanalyse[265].

Die Spektralanalyse verlangt - auf unser Problem angewendet -, anhand der Funktionswerte die Absatzfunktion $x_i = x_i(p_j, t, ...)$ in Sinus- und Cosinusfunktionen zu zerlegen[266], und zwar von dem Augenblick ab, in dem das Gleichgewicht zum Beispiel durch eine Preisänderung ∂p_j gestört wird. Offenbar bedeutet die Spektralanalyse ein aufwendiges Verfahren. Dies hebt auch Baetge hervor[267], dem wir den Hinweis auf die Spektralanalyse verdanken. Baetge weist außerdem darauf hin, daß die Spektralanalyse nicht ganz zuverlässig ist[268].

Angesichts dieser Einwände ist zu prüfen, wie sehr der Triffin-Indikator I in seiner Aussagefähigkeit beeinträchtigt wird, wenn auf die Spektralanalyse und damit auf den Versuch einer exakten Abgrenzung der Reaktionsperiode ganz verzichtet wird. Gehen wir von dem extremen Fall aus, in dem der Unternehmer nichts

---

264) Vgl. Arnold Kawlath, Theoretische Grundlagen der Qualitätspolitik. Wiesbaden 1969, S. 131 f.

265) Eine ausführliche Beschreibung und Anwendung der Spektralanalyse (auf saisonabhängige Zeitreihen) findet sich bei Michael D. Godfrey, Herman F. Karreman, A Spectrum Analysis of Seasonal Adjustment. In: Essays in Mathematical Economics. In Honor of Oskar Morgenstern, hrsg. von Martin Shubik. Princeton (N.J.) 1967, S. 367-421. Siehe auch in demselben Band: Michio Hatanaka, Mitsuo Suzuki, A Theory of the Pseudospectrum and Its Application to Nonstationary Dynamic Econometric Models, S. 443 - 466.

266) Vgl. Jörg Baetge, Hans-Ulrich Steenken, Theoretische Grundlagen eines Regelungsmodells zur operationalen Planung und Überwachung betriebswirtschaftlicher Prozesse. In: ZfbF, 23. Jg.(1971), S. 593-630, hier S. 616; Jörg Baetge, Betriebswirtschaftliche Systemtheorie. Opladen 1974,S.97.

267) Vgl. Baetge, S. 97; Baetge-Steenken, S. 616.

268) Vgl. Baetge, S. 97; Baetge-Steenken, S. 616.

darüber weiß, ob in einem bestimmten Zeitraum Reaktionsprozesse im Gang sind, wie sie ablaufen und wie lange sie dauern. Selbst in diesem Fall ist es noch immer möglich, den Triffin-Indikator I z.B. aus der Mengen- und der Preisänderung zu bilden, die sich in diesem Zeitraum ereignet haben, und mit einigem Recht zu unterstellen, daß sich Verzerrungen wegen unvollständig erfaßter Reaktionsperioden wenigstens zum Teil ausgleichen. Man darf deshalb erwarten, daß der Unternehmer allen Aufwand für die Abgrenzung von Reaktionsperioden vermeidet und den Triffin-Indikator I auf willkürlich begrenzte längere Zeiträume - vielleicht von einem Jahr - gründet. Dies fällt dem Unternehmer um so leichter, als er Aussagen der einfachen Kreuzelastizität ohnehin nur als Indikator, nicht als exakten Ausdruck der Nachfrageverwandtschaft, betrachtet.

(2) Wir wenden uns nun dem Triffin-Indikator II zu, der im Unterschied zum Triffin-Indikator I aus Mengenverhältnissen und zum Beispiel aus Preisverhältnissen gebildet wird. Für den Triffin-Indikator II stellt sich das Problem der Abgrenzung von Reaktionsperioden nicht in derselben Schärfe wie für den Triffin-Indikator I, und zwar aus folgendem Grund: Werden Mengen und z.B. Preise in den Quotienten der relativen Kreuzelastizität einbezogen, die im Laufe und nicht am Ende eines vollständigen Reaktionsprozesses zu beobachten sind, weicht der Wert des Quotienten von dem Wert ab, der sich bei Abgrenzung der vollständigen Reaktionsperiode ergeben hätte. Die Abweichung fällt jedoch hier relativ wenig ins Gewicht, weil jede Menge mit einer anderen Menge und jeder Preis mit einem anderen Preis relativiert wird.

Der Unternehmer kann also mit noch besserem Grund als beim Triffin-Indikator I von willkürlich begrenzten Zeiträumen ausgehen und die in einem solchen Zeitraum gemessenen Beträge der Mengen und Aktionsparameter in die Kreuzelastizität aufnehmen.

Im übrigen ist wie beim Triffin-Indikator I zu fragen:

(a) Auf welche Zeiträume (Bezugszeiträume) beziehen sich die Erfahrungen, aus denen der Triffin-Indikator II abgeleitet wird?

(b) Mit welchem Zeitraum ist die auf die Vergangenheit bezogene Aussage des Triffin-Indikators II zu verbinden?

(c) Gilt dieser Zeitraum auch in der Zukunft und wie lange bleibt die Schätzung dieses künftigen Bezugszeitraumes gültig?

Die Schätzung von Bezugszeiträumen ist ein Problem der Informationsbeschaffung und der Ungewißheit. Beide Probleme dürften sich in der Regel bewältigen lassen.

(3) Für den Lancaster-Indikator gibt es gegenüber den Triffin-Indikatoren einen Vorteil: Um hohe Aussagefähigkeit zu erhalten, wird der Unternehmer gewöhnlich versuchen, die Triffin-Indikatoren auf Erfahrungen zu begründen, die aus verschiedenen Zeiträumen stammen (Zeitreihenanalyse). Zur Ableitung des Lancaster-Indikators wird er sich hingegen zweckmäßigerweise auf Erhebungen stützen, die auf denselben Zeitraum bezogen sind (Querschnittsanalyse). Damit ist dann der Zeitraum, für den die Erfahrungen gelten, beim Lancaster-Indikator von vornherein fixiert. Dementsprechend sind auch die Aussagen des Lancaster-Indikators genau datiert. Wenn also gesagt wird, der Lancaster-Indikator zeige eine Komplementaritätsbeziehung zwischen dem Gut i und dem Gut j an, so kann damit nur gemeint sein, daß die nachfrageverwandtschaftliche Beziehung in jenem Zeitraum bestanden hat, der der Analyse zugrunde liegt.

Das ist aber auch schon der einzige Vorteil, den der Lancaster-Indikator bezüglich des Zeitmoments gegenüber den Triffin-Indikatoren bietet. Alle weitere Problematik stellt sich auch für den Lancaster-Indikator: Es muß abgeschätzt werden, innerhalb welchen Zeitraums zum Beispiel eine Substitutionsbeziehung, ausgelöst durch eine Preisänderung, auf den Absatz einer Ware "durchschlägt". Es ist zu prüfen, ob die diesbezüglichen Erfahrungen auch in der Zukunft gelten werden. Und es muß wiederum der Zeitpunkt vorausgeschätzt werden, an dem dem Lancaster-Indikator keine Aussagekraft mehr beigemessen werden darf, so daß die Ableitung des Lancaster-Indikators zu wiederholen ist.

IV Zur Wirtschaftlichkeit der Ableitung von Verwandtschaftsindikatoren

Wer Indikatoren der Nachfrageverwandtschaft ableiten will, muß die Kosten der Informationsgewinnung und -verarbeitung und den Informationswert beachten. Informationskosten und Informationswert bestimmen die Wirtschaftlichkeit von Verwandtschaftsindikatoren.

Wirtschaftlichkeitsüberlegungen sind hier untrennbar mit dem Problem des Informationsoptimums verbunden. Dieses Problem wirft mehrere Fragen zugleich auf:

Da Informationskosten und Informationswert einander gegenüberzustellen sind, ist zunächst zu fragen:
(a) Wie sind Informationskosten und Informationswert im Hinblick auf die Ableitung von Verwandtschaftsindikatoren zu definieren? Die Antwort liegt nicht auf der Hand. Genügt es zum Beispiel, die Definition der Informationskosten so zu fassen, daß nur Einzelkosten der Informationsbeschaffung und -verarbeitung

in den Kalkül eingehen? In der Regel wohl nicht. Schon mit der Definition der Informationskosten muß dafür gesorgt werden, daß im Optimierungskalkül auch Gemeinkosten zum Tragen kommen. Ebensowenig reicht es aus, den Informationswert als erwartete Verbesserung der Entscheidung (der Zielgröße) nach Verwendung des Verwandtschaftsindikators zu definieren[269]. Diese Definition ist zunächst zu formal, um dem Problem des "Erlösverbunds" bei der Beschaffung und Verarbeitung von Informationen gerecht zu werden.

Ist die Frage der Definition von Informationskosten und Informationswert hinreichend geklärt, erhebt sich die Frage: (b) Wie hoch werden die Informationskosten und der Informationswert eines bestimmten Verwandtschaftsindikators sein? Bereits diese Frage ist schwierig zu beantworten, weil man vor Einholung einer Information nie mit Sicherheit weiß, was dafür aufzuwenden und was die Information wert sein wird. Nur Vorausschätzungen sind möglich, die mit Hilfe entscheidungstheoretischer Methoden abgeleitet werden müssen[270]. Dabei ist es auch immer möglich, daß die Ableitung eines Indikators von vornherein als unwirtschaftlich erscheint.

Erweist sich die Ableitung erfolgversprechend, wird die Gegenüberstellung von Informationskosten und -wert noch schwieriger dadurch, daß die Beschaffung von Informationen für einen bestimmten Zweck mehr oder weniger ausgedehnt werden kann. So kann man zum Beispiel einen Triffin-Indikator auf Datenmaterial der letzten zwei, fünf oder zehn Jahre stützen.

---

269) Mag bezeichnet die vermutete Verbesserung der Entscheidung als Wert einer Information. Vgl. Wolfgang Mag, Modellansätze zur Bestimmung eines Informationsoptimums im Rahmen der Unternehmensplanung. Unveröffentlichte Habilitationsschrift, Frankfurt/M. 1973, S. 77.

270) Siehe dazu vor allem Mag, Modellansätze, S.97,296; Jürgen Rehberg, Wert und Kosten von Informationen. Frankfurt/M., Zürich 1973, S.135,161; Jochen Drukarczyk, Zum Problem der Bestimmung des Wertes von Informationen. In: ZfB,44.Jg. (1974),S.1-18.

Selbstverständlich verändern sich von Mal zu Mal die Kosten, möglicherweise auch der Wert des Indikators. Was ist vorzuziehen, das heißt: (c) welches Maß an Informationsbeschaffung ist optimal? Das Wirtschaftlichkeitsproblem bei der Ableitung eines Verwandtschaftsindikators verlangt also nicht nur, Informationskosten und Informationswert insgesamt einander gegenüberzustellen, sondern darüber hinaus auch Informations-Grenzkosten und -Grenzwerte miteinander zu vergleichen. Ein Informationsoptimum kann, wenn überhaupt, nur mit Hilfe spezifischer Optimierungsmodelle[271)] herausgefunden werden.

Welchen Einfluß werden Wirtschaftlichkeitsüberlegungen auf die Neigung haben, Verwandtschaftsindikatoren abzuleiten? Wir können hier nur zwei Thesen - mit tendenzieller Gültigkeit - nennen:

(aa) Ein Großbetrieb wird leichter geneigt sein, nachfrageverwandtschaftliche Beziehungen zu analysieren, als ein Klein- oder Mittelbetrieb: Ein Großbetrieb verfügt eher über eigene Einrichtungen (Marketing-Informationssysteme, betriebswirtschaftliche oder statistische Ableitungen und ähnliches) als ein Klein- oder Mittelbetrieb. Klein- und Mittelbetriebe werden daher öfters Außenstehende mit Studien über das Verwandtschaftsproblem beauftragen müssen. Existieren hingegen für diese Aufgabe geeignete Einrichtungen im eigenen Hause, kann die Analyse nachfrageverwandtschaftlicher Beziehungen in einer Zeit durchgeführt werden, in der die Kapazität dieser Abteilungen nicht ausgelastet ist. Die Kosten solcher Studien fallen dann geringer aus, als wenn die Studien außer Haus angefertigt werden müssen.

---

271) Siehe dazu besonders Mag, Modellansätze, S. 75 - 289.

(bb) Der Unternehmer wird darauf verzichten, zwei Indikatoren abzuleiten, um einen Indikator an dem anderen zu kontrollieren: Man darf davon ausgehen, daß jeder Verwandtschaftsindikator in etwa gleiche Informationskosten verursacht, aber der zusätzlich (lediglich zur Kontrolle) abgeleitete Indikator oft nur einen niedrigeren Informationswert erlangt; denn im allgemeinen ist der Nutzen einer Korrektur geringer als der Nutzen, den schon die Verwendung eines noch korrekturbedürftigen Instruments mit sich bringt. Unter dieser Voraussetzung ist die Beziehung zwischen Informationswert und Informationskosten für den lediglich zur Kontrolle abgeleiteten Indikator ungünstiger als für den ersten Indikator, und der Unternehmer wird somit verhältnismäßig leicht auf die Ableitung eines Verwandtschaftsindikators zur Kontrolle eines anderen verzichten.

E Zusammenfassung

1. Unsere Aufgabe bestand darin, dem Unternehmer Möglichkeiten zur quantitativen Erfassung der Nachfrageverwandtschaft zu eröffnen. Von vornherein wurde der Untersuchungsbereich auf jenen Effekt beschränkt, den die Nachfrageverwandtschaft auf die Zielgröße des Unternehmers im Absatzbereich hervorruft, auf den Sekundäreffekt der Nachfrageverwandtschaft. Wir unterstellten, bei den Nachfragern handelte es sich um Haushalte. Dennoch lassen sich die Untersuchungsergebnisse ohne besondere Schwierigkeiten auf andere Bereiche übertragen.

2. Versteht man Nachfrageverwandtschaft als Verbundenheit in der Nutzenstiftung, liegt allein im Pareto-Edgeworth-Kriterium eine exakte Definition. Danach herrscht zwischen zwei Gütern Nachfrageverwandtschaft, wenn die marginale Änderung in der

Menge eines Gutes den Grenznutzen eines zweiten Gutes erhöht oder vermindert. Auf der Grundlage dieser Definition haben wir Wesen und Formen der Nachfrageverwandtschaft untersucht. Das war möglich, weil wir zunächst unterstellt hatten, der Güternutzen könnte eindeutig kardinal gemessen werden. Besonders die Unterscheidung zwischen Substitutions- und Komplementaritätsbeziehungen, zwischen dem primären und dem sekundären Effekt der Nachfrageverwandtschaft und die Abgrenzung der Nachfrageverwandtschaft von der "Konkurrenz um Kapazitäten" erwiesen sich für die weitere Arbeit als wichtig.

3. Entfaltung und Stärke der Nachfrageverwandtschaft hängen von vielen Faktoren ab. Darunter gibt es etliche Einflüsse, die von den Anbietern ausgehen. Sie erhöhen die Bedeutung der Nachfrageverwandtschaft für den Unternehmer: Er kann versuchen, nachfrageverwandtschaftliche Beziehungen zu seinen Gunsten zu verstärken, abzuschwächen, sich entfalten oder unwirksam werden zu lassen.

4. Drei Gutsbegriffe wurden verwendet: (a) Der Begriff des "Gutes an sich". Weil dem "Gut an sich" alle Merkmale fehlen, mit denen Anbieter Nachfrageverwandtschaft beeinflussen können, sollte das Verwandtschaftsproblem stets, von diesem Gutsbegriff ausgehend, analysiert werden. (b) Der Begriff des "Gutes mit experimentell zugeordneten Merkmalen". Dieser Begriff erlaubt, Einflüsse auf die Nachfrageverwandtschaft aufzudecken. (c) Der Begriff des "Gutes am Markt". Dieser Begriff verbindet das Gut mit allen Merkmalen, die ihm beim Erwerb oder bei der Verwendung anhaften.

5. Als größtes Hindernis auf dem Weg zur quantitativen Erfassung der Nachfrageverwandtschaft erwies sich die Tatsache, daß der Güternutzen nicht eindeutig kardinal meßbar ist, das Pareto-Edgeworth-

Kriterium also vom Unternehmer nicht verwendet werden kann. Wir stellten fest, daß Nachfrageverwandtschaft nur mit Hilfe von Nutzen-Indikatoren zu bestimmen ist. Instrumente, die mit Hilfe von Nutzenindikatoren Nachfrageverwandtschaft, ihre Art und Stärke zu bestimmen erlauben, haben wir - um sie vom theoretisch exakten Pareto-Edgeworth-Kriterium abzugrenzen - Indikatoren der Nachfrageverwandtschaft oder Verwandtschaftsindikatoren genannt.

6. In Teil C haben wir die verschiedenen Aussagen in der Literatur zum Verwandtschaftsproblem geprüft, ob und inwieweit sie sich zur Ableitung von Verwandtschaftsindikatoren eignen. Die Indikatoren wurden auf ihre Leistungsfähigkeit hin miteinander verglichen. Ausgeklammert blieben zunächst - weil sie die Analyse unnötig erschwert hätten - das Ungewißheitsproblem, das Zeitmoment und Wirtschaftlichkeitsüberlegungen. Es schien ratsam, diese Momente erst zum Schluß für jene Indikatoren gemeinsam zu betrachten, die von ihrer Grundstruktur her dem Unternehmer empfohlen werden können.

7. Drei Verwandtschaftsindikatoren erwiesen sich gegenüber den sonst noch untersuchten als überlegen: die Triffin-Indikatoren I und II und der Lancaster-Indikator. Zur Bestimmung der Sekundärwirkung der Nachfrageverwandtschaft bei "Gütern an sich" und "Gütern mit experimentell zugeordneten Merkmalen" läßt sich nur der Lancaster-Indikator verwenden, allerdings auch nur dann, wenn es dem Unternehmer gelingt, die Präferenzfunktion eines Haushalts abzuleiten. Wir erwarten nicht, daß der Unternehmer dazu stets in der Lage ist. Bei "Gütern am Markt" wird u.E. immer einer der beiden Triffin-Indikatoren dem Lancaster-Indikator vorgezogen. Die Triffin-Indikatoren unterliegen keiner solchen Anwendungsbeschränkung wie der Lan-

caster-Indikator. Deshalb darf davon ausgegangen werden, daß die Verwandtschaftsbeziehungen wenigstens zwischen "Gütern am Markt" im Regelfall bestimmt werden können.

8. Das Ungewißheitsproblem betrifft alle Verwandtschaftsindikatoren gleichermaßen. Wir haben dargelegt, warum es nötig ist, gewöhnlich in allen Aussagen zur Nachfrageverwandtschaft - anders als in dieser Untersuchung geschehen - die Ungewißheit zu berücksichtigen.

9. Die Problematik des Zeitmoments trifft den Triffin-Indikator I besonders, weil für diesen Indikator Reaktionsperioden abzugrenzen sind. Die Schwierigkeiten lassen sich aber mildern, indem man dem Triffin-Indikator I willkürlich bemessene - längere - Zeiträume zugrunde legt.

10. Fragt man, wie sich Wirtschaftlichkeitsüberlegungen auf die Neigung der Unternehmer auswirken, Verwandtschaftsindikatoren abzuleiten, kann man z. Zt. nur soviel sagen: Nach dem derzeitigen Stand unserer Erkenntnis kann sich nicht jeder Unternehmer die quantitative Bestimmung der Nachfrageverwandtschaft leisten. Großbetriebe werden leichter geneigt sein, Verwandtschaftsindikatoren abzuleiten, als Klein- und Mittelbetriebe.
Doch darüber ist das letzte Wort noch nicht gesprochen. Die Erfahrung zeigt, daß die Möglichkeit quantitativer Erfassung rasch verbessert wird, nachdem erst einmal eine Erscheinung wie die Nachfrageverwandtschaft ihren bloß qualitativen Charakter verloren hat. Auf längere Sicht wird sich jeder Unternehmer quantitative Vorstellungen von der Nachfrageverwandtschaft seiner Produkte bilden können. Die Nachfrageverwandtschaft ist auf dem Wege, ein eigenständiges absatzpolitisches Instrument zu werden.

Abkürzungsverzeichnis

AER	The American Economic Review
EJ	The Economic Journal
HdSW	Handwörterbuch der Sozialwissenschaften
JPE	Journal of Political Economy
OEP, N.S.	Oxford Economic Papers, New Series
QJE	The Quarterly Journal of Economics
P & P	Papers and Proceedings
ZfB	Zeitschrift für Betriebswirtschaft
ZfbF	Zeitschrift für betriebswirtschaftliche Forschung
ZfdgSt	Zeitschrift für die gesamte Staatswissenschaft

Verzeichnis der Abbildungen und Tabellen

Verzeichnis der zitierten Veröffentlichungen

Abbott, Lawrence, Quality and Competition. New York 1955.

Alford, R.F.G., Marshall's Demand Curve. In: Economica, N.S.,Vol. XXIII (1956), S. 23 - 48.

Allen, R/oy/ G/eorge/ D/ouglas/, The Substitution Effect in Value Theory. In: EJ, Vol. LX (1950), S. 675 - 685.

Allen, R/oy/ G/eorge/ D/ouglas/, Mathematik für Volks- und Betriebswirte (Aus dem Englischen übersetzt von Erich Kosiol). Berlin 1956 (zit.: Mathematik).

Allen, Roy G/eorge/ D/ouglas/, siehe Hicks, John R/ichard/.

Allen, R/oy/ G/eorge/ D/ouglas/, E.J. Mishan, Substitution Terms: A Comment. In: Economica, N.S., Vol. XXXIV (1967), S. 431 f.

Arndt, Helmut, Anpassung und Gleichgewicht am Markt. In: Jahrbücher für Nationalökonomie und Statistik, Bd. 170 (1958), S. 217 - 286, 362 - 394, 434 - 465 (zit.:Anpassung).

Arndt, Helmut, Mikroökonomische Theorie. 1. Bd. Marktgleichgewicht. Tübingen 1966 (zit.: Mikroökonomische Theorie. 1. Bd.).

Auspitz, Rudolf, Richard Lieben, Untersuchungen über die Theorie des Preises. Leipzig 1889.

Baetge, Jörg, Betriebswirtschaftliche Systemtheorie. Opladen 1974.

Baetge, Jörg, Hans-Ulrich Steenken, Theoretische Grundlagen eines Regelungsmodells zur operationalen Planung und Überwachung betriebswirtschaftlicher Prozesse. In: ZfbF, 23.Jg. (1971), S. 593 - 630.

Bailey, Martin J., The Marshallian Demand Curve. In: JPE, Vol. LXII (1954), S. 255 - 261.

Basmann, Robert L., A Note on Mr. Ichimura's Definition of Related Goods. In: The Review of Economic Studies, Vol.XXII (1954/1955), S. 67 - 69.

Baumol, William J., The Cardinal Utility which is Ordinal. In: EJ., Vol. LXVIII (1958), S. 665 - 672.

Beckmann, Peter, Die Abgrenzung des relevanten Marktes im Gesetz gegen Wettbewerbsbeschränkungen. Bad Homburg, Berlin, Zürich 1968.

Bishop, Robert L., Reply. In: AER, Vol. XLIII (1953), S. 916 - 924.

Borchardt, Knut, Wolfgang Fikentscher, Wettbewerb, Wettbewerbsbeschränkung und Marktbeherrschung. Stuttgart 1957.

Brede, Helmut, Die wirtschaftliche Beurteilung von Verwaltungsentscheidungen in der Unternehmung. Köln und Opladen 1968.

Brede, Helmut, Die Objektivierung von Schätzungen. In: ZfbF, 23. Jg. (1971), S. 441 - 453.

Brems, Hans, Product Equilibrium under Monopolistic Competition. Cambridge (Mass.) 1951 (zit.: Product Equilibrium).

Brems, Hans, Quantitative Economic Theory. New York, London, Sydney 1968.

Cassel, Gustav, Theoretische Sozialökonomie. Vierte, verb. u. wesentlich erw. Aufl., Leipzig 1927 (zit.: Sozialökonomie

Chamberlin, Edward H/astings/, Elasticities, Cross-Elasticities, and Market Relationships: Comment. In: AER, Vol. XLIII (1953), S. 910 - 916 (zit.: Elasticities).

Chisnall, Peter M., Marketing Research: Analysis and Measurement. London, New York usw. 1973.

Coenen, Dieter, siehe Krelle, Wilhelm.

Drukarczyk, Jochen, Zum Problem der Bestimmung des Wertes von Informationen. In: ZfB, 44. Jg. (1974), S. 1 - 18.

Edgeworth, F/rancis/ Y/sidro/, The Pure Theory of Monopoly. In: Papers Relating to Political Economy. Vol. I. Nachdruck der Ausgabe von 1925. New York o.J., S. 111-142 (zit.: The Pure Theory).

Fikentscher, Wolfgang, siehe Borchardt, Knut.

Frank, Ronald E., Paul E. Green, Quantitative Methods in Marketing. Englewood Cliffs (N.J.) 1967.

Friedman, Milton, The Marshallian Demand Curve. In: JPE, Vol. LVII (1949), S. 463 - 495 (zit.: The Marshallian Demand Curve).

Friedman, Milton, A Reply. In: JPE, Vol. LXII (1954), S. 261 - 266.

Friedman, Milton, siehe Wallis, W. Allen.

Gäfgen, Gérard, Zur Theorie kollektiver Entscheidungen in der Wirtschaft. Eine Neuinterpretation der Welfare Economics. In: Jahrbücher für Nationalökonomie und Statistik, Bd. 173 (1961), S. 1 - 49.

Gellert, W., H. Küstner, M. Hellwich, H. Kästner (Hrsg.), Kleine Enzyklopädie Mathematik. Frankfurt/M., Zürich 1972.

Godfrey, Michael D., Herman F. Karreman, A Spectrum Analysis of Seasonal Adjustment. In: Essays in Mathematical Economics. In Honor of Oskar Morgenstern, hrsg. von Martin Shubik. Princeton (N.J.) 1967, S. 367 - 421.

Gollnick, Heinz, Einführung in die Ökonometrie. Stuttgart 1968.

Green, Paul E., siehe Frank, Ronald E.

Gümbel, Rudolf, Die Sortimentspolitik in den Betrieben des Wareneinzelhandels. Köln und Opladen 1963 (zit.: Sortimentspolitik).

Gümbel, Rudolf, "Was heißt und zu welchem Ende studirt man..." Marketing? In: ZfbF, 23. Jg. (1971), S. 125-144.

Gümbel, Rudolf, Absatzpolitik. In: Handwörterbuch der Betriebswirtschaft. 4. Aufl., Bd. I, Stuttgart 1974, Sp. 78 - 92.

Gunzert, Rudolf, Konzentration, Markt und Marktbeherrschung. Frankfurt/M. 1961.

Gutenberg, Erich, Grundlagen der Betriebswirtschaftslehre. Erster Band. Die Produktion. 19. Aufl., Berlin, Heidelberg, New York 1972 (zit.: Die Produktion).

Hatanaka, Michio, Mitsuo Suzuki, A Theory of the Pseudospectrum and Its Application to Nonstationary Dynamic Econometric Models. In: Essays in Mathematical Economics. In Honor of Oskar Morgenstern, hrsg. von Martin Shubik. Princeton (N.J.) 1967, S. 443 - 466.

Hellwich, M., siehe Gellert, W.

Henderson, James M., Richard E. Quandt, Mikroökonomische Theorie. Eine mathematische Darstellung (Aus dem Englischen übersetzt von Werner Meißner). Berlin, Frankfurt a.M. 1967.

Hicks, J/ohn/ R/ichard/, Value and Capital. Second Ed. reprinted, Oxford 1950 (zit.: Value and Capital).

Hicks, J/ohn/ R/ichard/, A Comment on Mr. Ichimura's Definition. In: The Review of Economic Studies, Vol. XVIII (1950/1951), S. 184 - 187.

Hicks, J/ohn/ R/ichard/, A Revision of Demand Theory. Oxford. First Published 1956. Reprinted 1959 (zit.: Revision).

Hicks, John /Richard/, Elasticity of Substitution Again: Substitutes and Complements. In: OEP, N.S., Vol. 22 (1970), S. 289 - 296.

Hicks, John R/ichard/, Roy G/eorge/ D/ouglas/ Allen, A Reconsideration of the Theory of Value. In: Economica, N.S., Vol. I (1934), S. 52 - 76, S. 196 - 219. In deutscher Übersetzung wieder abgedruckt in: Preistheorie, hrsg. von Alfred Eugen Ott, Köln, Berlin 1965, S. 117-161 (zit.: Reconsideration, Zitate nach der Übersetzung).

Hofmann, Werner, Wert- und Preislehre. Berlin 1964.

Hüttner, Manfred, Grundzüge der Marktforschung. Wiesbaden 1965.

Ichimura, S/hinichi/, A Critical Note on the Definition of Related Goods. In: The Review of Economic Studies. Vol. XVIII (1950/1951), S. 179 - 183.

Kaldor, Nicholas, Mrs. Robinson's Economics of Imperfect Competition. In: Economica, N.S., Vol. I (1934), S. 335 - 341.

Karreman, Herman F., siehe Godfrey, Michael D.

Kästner, H., siehe Gellert, W.

Kaufer, Erich, Die Bestimmung von Marktmacht. Dargestellt am Problem des relevanten Marktes in der amerikanischen Antitrustpolitik. Bern, Stuttgart 1967.

Kawlath, Arnold, Theoretische Grundlagen der Qualitätspolitik. Wiesbaden 1969.

Knoblich, Hans, Betriebswirtschaftliche Warentypologie. Grundlagen und Anwendungen. Köln und Opladen 1969.

Kotler, Philip, Marketing Decision Making: A Model Building Approach. New York, Chicago usw. 1971.

Krelle, Wilhelm, Preistheorie. Tübingen, Zürich 1961 (zit.: Preistheorie).

Krelle, Wilhelm, unter Mitarbeit von Dieter Coenen, Präferenz- und Entscheidungstheorie. Tübingen 1968.

Krusche, Dieter, Marktverhalten und Wettbewerb. Eine Untersuchung zum Gesetz gegen Wettbewerbsbeschränkungen. Berlin 1961.

Küstner H., siehe Gellert, W.

Lancaster, Kelvin J., A New Approach to Consumer Theory. In: JPE, Vol. LXXIV (1966), S. 132 - 157 (zit.: A New Approach).

Lancaster, Kelvin /J./, Change and Innovation in the Technology of Consumption. In: AER, Vol. LVI (1966), P & P, S. 14 - 23.

Lancaster, Kelvin /J./, Mathematical Economics. New York, London 1968 (zit.: Mathematical Economics).

Lancaster, Kelvin /J./, Consumer Demand. A New Approach. New York, London 1971 (zit.: Consumer Demand).

Lerner, A.P., The Analysis of Demand. In: AER, Vol. LII (1962), S. 783 - 797.

Lieben, Richard, siehe Auspitz, Rudolf.

Machlup, Fritz, The Political Economy of Monopoly. Second Printing, Baltimore 1955.

Mag, Wolfgang, Modellansätze zur Bestimmung eines Informationsoptimums im Rahmen der Unternehmensplanung. Unveröffentlichte Habilitationsschrift. Frankfurt/M. 1973.

Marshall, Alfred, Principles of Economics. Vol. I, Second Edition, London, New York 1891.

Marshall, Alfred, Principles of Economics. Eighth Edition, reprinted, London 1961.

Mestmäcker, Ernst-Joachim, Das marktbeherrschende Unternehmen im Recht der Wettbewerbsbeschränkungen. Tübingen 1959.

Mishan, E.J., siehe Allen, R/oy/ G/eorge/ D/ouglas/.

Morgenstern, Oskar, siehe von Neumann, John.

Morishima, M/ichio/, A Note on Definitions of Related Goods. In: The Review of Economic Studies. Vol. XXIII (1955/1956), S. 132 - 134.

Morishima, Michio, The Problem of Intrinsic Complementarity and Separabilitiy of Goods. In: Metroeconomica, Vol. XI (1959), S. 188 - 202.

Morrissett, Irving, Some Recent Uses of Elasticity of Substitution - a Survey. In: Econometrica, Vol. 21 (1953), S. 41 - 62.

Nachtkamp, Hans Heinrich, Der kurzfristige optimale Angebotspreis der Unternehmen bei Vollkostenkalkulation und unsicheren Nachfrageerwartungen. Tübingen 1969.

von Neumann, John, Oskar Morgenstern, Spieltheorie und wirtschaftliches Verhalten (Aus dem Englischen übersetzt von M. Leppig). Würzburg 1961.

Nyström, Harry, Retail Pricing. Stockholm 1970.

Ott, Alfred E/ugen/, Marktform und Verhaltensweise. Stuttgart 1959 (zit.: Marktform).

Ott, Alfred E/ugen/, Grundzüge der Preistheorie. Göttingen 1968 (zit.: Grundzüge).

Pareto, Vilfredo, Manuel d'économie politique (Aus dem Italienischen ins Französische übersetzt von Alfred Bonnet). 2. Aufl., Paris 1927 (1. Aufl.: Paris 1909).

Pigou, A/rthur/ C/ecil/, The Statistical Derivation of Demand Curves. In: EJ, Vol. XL (1930), S. 384 - 400. Wieder abgedruckt in: A/rthur/ C/ecil/ Pigou, Dennis H. Robertson, Economic Essays and Addresses. London 1931, S. 62 - 83 (zit.: Statistical Derivation; Zitate nach dem Original).

Quandt, Richard E., siehe Henderson, James M.

Rehberg, Jürgen, Wert und Kosten von Informationen. Frankfurt/M., Zürich 1973.

Riebel, Paul, Kosten und Preise bei verbundener Produktion, Substitutionskonkurrenz und verbundener Nachfrage. 2. Aufl., Opladen 1972 (zit.: Kosten und Preise).

Rieger, Horst R.W., Der Güterbegriff in der Theorie des Qualitätswettbewerbs. Berlin 1962.

Robinson, Joan, The Economics of Imperfect Competition. London 1948 (First Edition 1933) (zit.: The Economics).

Robinson, Joan, What is Perfect Competition? In: QJE, Vol. XLIX (1934/35), S. 104-120.

Samuelson, Paul Anthony, Foundations of Economic Analysis. Second Printing, Cambridge (Mass.) 1948 (zit.: Foundations).

Samuelson, Paul A/nthony/, The Problem of Integrability in Utility Theory. In: Economica, N.S., Vol. XVII (1950), S. 355 - 385.

Sandrock, Otto, Grundbegriffe des Gesetzes gegen Wettbewerbsbeschränkungen. München 1968.

Sanmann, Horst, Marktform, Verhalten, Preisbildung bei heterogener Konkurrenz. In: Jahrbuch für Sozialwissenschaft, Bd. 14 (1963), S. 56 - 99.

Schäfer, Erich, Grundlagen der Marktforschung. Marktuntersuchung und Marktbeobachtung. Vierte, neubearb. und erw. Aufl., Köln und Opladen 1966 (zit.: Marktforschung).

Schinkel, Wolfgang, Die sachliche Abgrenzung des Marktes in § 22 des Gesetzes gegen Wettbewerbsbeschränkungen. Diss. Göttingen 1962.

Schneeweiß, Hans, Entscheidungskriterien bei Risiko. Berlin, Heidelberg, New York 1967.

Schneider, Dieter, Die Preis-Absatz-Funktion und das Dilemma der Preistheorie. In: ZfdgSt, 122. Bd. (1966), S. 587 - 628 (zit.: Preis-Absatz-Funktion).

Schneider, Dieter, Theoretisches und praktisches Denken in der Unternehmensrechnung. In: Wissenschaft und Praxis. Festschrift zum zwanzigjährigen Bestehen des Westdeutschen Verlages 1967. Köln und Opladen 1967, S. 225 - 243.

Schneider, Dieter, Investition und Finanzierung. 3., neubearb. Aufl., Opladen 1974.

Schneider Erich, Einführung in die Wirtschaftstheorie. II. Teil. 9. durchges. Aufl., Tübingen 1964 (zit.: Einführung, II. Teil).

Schultz, Henry, The Theory and Measurement of Demand. Chicago (Ill.) 1938, Fourth Impression 1962 (zit.: Theory).

Slutsky E/ugen/ E., Sulla teoria del bilancio del consumatore. In: Giornale degli Economisti, Bd. 51 (1915), S. 1 - 26. In englischer Übersetzung wieder abgedruckt in: Readings in Price Theory, selected by a committee of The American Economic Association (Stigler, Boulding). London 1953, S. 27 - 56 . In deutscher Übersetzung wieder abgedruckt in: Preistheorie, hrsg. von Alfred Eugen Ott, Köln, Berlin 1965, S. 87 - 116.

von Stackelberg, Heinrich, Marktform und Gleichgewicht. Wien, Berlin 1934 (zit.: Marktform).

von Stackelberg, Heinrich, Theorie der Vertriebspolitik und der Qualitätsvariation. In: Schmollers Jahrbuch für Gesetzgebung, Verwaltung und Volkswirtschaft im Deutschen Reiche, Bd. 63 (1939), H. 1, S. 43 - 85. Wieder abgedruckt in: Preistheorie, hrsg. von Alfred Eugen Ott. Köln, Berlin 1965, S. 280 - 319.

von Stackelberg, Heinrich, Grundlagen der Theoretischen Volkswirtschaftslehre. 2., photomechanisch gedruckte Aufl., Bern, Tübingen 1951 (zit.: Grundlagen).

Steenken, Hans-Ulrich, siehe Baetge, Jörg.

Stevens, S.S., Mathematics, Measurement, and Psychophysics. In: Handbook of Experimental Psychology, hrsg. von S.S.Stevens, New York, London 1951, S. 1 - 49.

Stigler, George J., The Development of Utility Theory. In: JPE, Vol. LVIII (1950), S. 307 - 327, 373 - 396 (zit.: Development).

Streißler, Erich, siehe Weber, Wilhelm.

Suzuki, Mitsuo, siehe Hatanaka, Michio.

Thurstone, L/ouis/ L/eon/, The Indifference Function. In: Journal of Social Psychology, Vol. II (1931), S. 139 - 167.

Tietz, Bruno, Grundlagen der Handelsforschung. Marketing-Theorie. Erster Band, Rüschlikon-Zürich 1969.

Tintner, Gerhard, Handbuch der Ökonometrie. Berlin, Göttingen, Heidelberg 1960.

Triffin, Robert, Monopolistic Competition and General Equilibrium Theory. Copyright 1940. Fourth Printing. Cambridge (Mass.) 1949 (zit.: Monopolistic Competition).

Triffin, Robert, Reply. In: QJE, Vol. 56 (1942), S. 673 - 677.

Vershofen, Wilhelm, Die Marktentnahme als Kernstück der Wirtschaftsforschung. Berlin, Köln 1959.

Wallis, W. Allen, Milton Friedman, The Emperical Derivation of Indifference Functions. In: Studies in Mathematical Economics and Econometrics. In Memory of Henry Schultz, hrsg. von Oscar Lange, Francis McIntyre, Theodore O. Yntema. Chicago (Ill.) 1942, S. 175 - 189.

Weber, Hans Hermann, Grundlagen einer quantitativen Theorie des Handels. Köln und Opladen 1966.

Weber, Hans Hermann, Zur Bedeutung der Haushaltstheorie für die betriebswirtschaftliche Absatztheorie. In: ZfbF, 21. Jg. (1969), S. 773 - 783 (zit.: Zur Bedeutung).

Weber, Hans Hermann, Grundzüge einer monopolistischen Absatztheorie. Köln, Berlin, Bonn, München 1970 (zit.: Grundzüge).

Weber, Wilhelm, Erich Streißler, Nutzen. In: HdSW, 8. Bd., Stuttgart, Tübingen, Göttingen 1964, S. 1 - 19.

Weintraub, Sidney, The Classification of Market Positions: Comment. In: QJE, Vol. 56 (1942), S. 666 - 673.

Yeager, Leland B., Methodenstreit over Demand Curves. In: JPE, Vol. LXVIII (1960), S. 53 - 64.

Zimmerman, Louis J/acques/, Versuch einer Theorie der Dynamik der Marktformen. Vortrag, gehalten am 23.1.1951 vor dem Forschungsbeirat des Ifo-Instituts für Wirtschaftsforschung, München. München 1951.

Zimmerman, L/ouis/ J/acques/, The Propensity to Monopolize. Amsterdam 1952 (zit.: Propensity).

Sachverzeichnis